中小学创客教育丛书

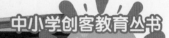

青少年手机APP开发（微课版）趣味课堂

方其桂 主 编
张小龙 周本阔 副主编

清华大学出版社
北京

内容简介

本书共8个单元，24个案例，由浅入深地向读者展现了利用App Inventor 2平台制作APP的完整流程。案例的选择从日常生活实际出发，使深奥的APP应用程序开发贴近学生的生活，激发学生的学习兴趣。全书着重培养学生用编程的思维解决实际问题的能力，重视计算思维能力的培养。案例先通过体验中心带领学生体验APP，由体验产生疑问，然后通过规划分析、算法实现制作案例。在分析和实现的过程中层层推进，解决疑问。整个过程循序渐进，带领学生将一个有创意的想法，通过分析规划形成方案，最后编写程序完成作品，使学生体验完成功的乐趣。在学习APP制作的过程中，不仅可以提升学生的自信心，增强成就感，更能培养其科学探究精神，养成严谨踏实的良好习惯。

本书适合中小学生阅读使用，可以作为教材辅助校外机构及学校社团开展编程教学活动，也可作为广大中小学教师和培训学校开展编程教育的指导用书。

图书在版编目(CIP)数据

青少年手机APP开发趣味课堂：微课版 / 方其桂主编. —北京：清华大学出版社，2021.1
(中小学创客教育丛书)
ISBN 978-7-302-56218-4

Ⅰ.①青… Ⅱ.①方… Ⅲ.①移动电话机—应用程序—程序设计—青少年读物 Ⅳ.①TN929.53

中国版本图书馆CIP数据核字(2020)第151718号

责任编辑：李 磊
封面设计：王 晨
版式设计：孔祥峰
责任校对：成凤进
责任印制：沈 露

出版发行：清华大学出版社
    网　　址：http://www.tup.com.cn，http://www.wqbook.com
    地　　址：北京清华大学学研大厦A座　　　邮　　编：100084
    社 总 机：010-62770175　　　　　　　　邮　　购：010-62786544
    投稿与读者服务：010-62776969，c-service@tup.tsinghua.edu.cn
    质 量 反 馈：010-62772015，zhiliang@tup.tsinghua.edu.cn
印 装 者：三河市铭诚印务有限公司
经　　销：全国新华书店
开　　本：170mm×240mm　　　印　　张：14.25　　　字　　数：335千字
版　　次：2021年1月第1版　　　印　　次：2021年1月第1次印刷
定　　价：69.80元

产品编号：085525-01

编委会

前 言

亲爱的读者，当你翻开这本书之前，是否注意过：我们已经越来越离不开智能手机，我们旅游、购物、学习、娱乐、工作、社交……都会用到智能手机。相信你也一定知道：手机之所以功能这么强大，并非因为手机自身有无穷魅力，而是因为手机安装了数不清的应用程序 (APP)。只要一机在手，点击一个个 APP，就可以忽略时空的限制，进入自己的专属世界。

你是否曾经想过自己也可以制作 APP？

当你拿起这本书的时候，你的 APP 制作之旅已经开始了。

一、什么是 APP

APP 是指安装在智能手机上的软件，智能手机之所以无所不能，其实都是由 APP 实现的。手机软件的运行需要有相应的手机操作系统，智能手机常用的操作系统有苹果公司的 iOS 系统、谷歌公司的 Android(安卓) 系统等。本书设计的 APP 用于安卓手机、平板电脑。

二、为什么要学习制作 APP

学习 APP 编程，你可以在短时间内，通过规划、分析、设计代码，最后完成 APP 程序，体会到编程的乐趣。在学习 APP 制作的过程中，你不仅可以提升自信心，增强成就感，更能培养科学探究精神，养成严谨踏实的良好习惯。

三、学习制作 APP 难吗

几行代码就可以制作出一个 APP！你觉得难吗？

兴趣是最好的老师。只要你感觉好玩、有趣，有主动学习的意向，并且能联系生活，发现问题、解决问题，相信你一定能制作出属于自己的 APP。

四、为什么使用 App Inventor

制作 APP 的计算机编程软件有很多种，之所以选择 App Inventor，主要有以下几个原因。

♡ 它可以让不懂程序开发的你，通过用代码块搭积木的方式实现各种炫酷的功能，制作出属于自己的 Android APP。

♡ 它容易读懂，容易编写，也容易理解，可以让你在很短的时间内就掌握这门语言的奥妙，体会到计算机编程的乐趣。

♡ 它无须记忆和输入指令，很容易就给你带来成就感，为后续学习解决逻辑问题做了铺垫。

五、怎样学习手机 APP 编程

买了 APP 制作方面的图书，不等于你马上就能学好 APP 制作，需要在学习中遵循一定的方法，主要有以下几个方面。

♡ **兴趣为先**：结合生活实际，善于发现有趣的问题，乐于去解决问题。

♡ **循序渐进**：对于初学的你，刚开始新知识可能比较多，但不要害怕，更不能急于求成。以小案例为中心，逐步推进，在不断探索的过程中掌握 APP 编程知识，最后再拓展应用，提高编程技巧。

♡ **举一反三**：由于篇幅有限，本书案例只是某方面的代表，你可以用书中解决问题的思路和方法，解决类似案例或者题目。

♡ **交流分享**：很多知识和操作不用去独立"研究"，学会用"拿来主义"的方法研究案例。和你的小伙伴一起学习，相互交流经验和技巧，相互鼓励，攻破难题。

♡ **动手动脑**：编程是技术活儿，不能只看书，要在不断调试程序的过程中，发现问题，解决问题，提高编写程序的能力。最忌讳的是"眼高手低"，对于简单的程序，如果有新知识在里面，一定要动手调试，看看是否能发现新问题。

♡ **善于总结**：每次调试程序都会有收获，特别是犯的错误一定记下来，下次尽力避免。

六、本书特点

本书以单元和课的形式编排，从简单的例子着手，以程序为中心，注重算法设计，深入浅出，循序渐进。本书的主要特点如下。

♡ 利用生活情境引发思考，使用编程解决生活问题。

♡ 利用流程图厘清思路，激发学习兴趣，培养计算思维。

♡ 通过探究与实践，在解决问题的过程中使你体会到编程的乐趣和魅力。

♡ 通过创新拓展，思考解决问题的不同方法，制作出更具创意的 APP 程序。

七、本书结构

本书包括 8 个单元内容，围绕学习、生活、娱乐等方面进行设计，从易到难，从简单到复杂，每单元 3 个案例，每个案例都是一个完整的作品制作过程，本书结构如下。

♡ **体验中心**：先体验案例，初步感知案例，了解案例功能，引发问题思考。

♡ **程序规划**：对案例进行功能规划、界面规划、组件规划。

♡ **算法设计**：对案例的执行顺序、算法与流程做细致的分析。

♡ **技术要点**：对案例制作过程中的知识点做细致的描述。

♡ **编写程序**：编写程序，完成案例的制作。

♡ **拓展延伸**：通过对案例进行优化，拓展创新，进一步巩固学习成果。

八、本书读者对象

这是一本关于 App Invertor 软件编程的启蒙书籍，希望让更多的大朋友和小朋友通过这本书尝试编程。本书适合以下读者。

♡ **想学手机 APP 制作的小朋友**：因为本书以案例的方式讲解，可以帮助你学会如何将自己的奇思妙想变为 APP。

♡ **想教小朋友制作 Android 应用程序的老师**：本书中选取的案例操作性强，难易程度适中，能够帮助你引导学生厘清设计作品所应遵循的方法与过程，帮助他们了解在今后遇到问题时应从哪些方面进行思考和解决问题。

♡ **想让小朋友学习编程的家长**：本书选择的案例贴近生活，操作方法写得也非常详尽，十分适合作为家长的你和孩子们从身边的事物出发，一起学习，一起思考，让你的孩子能够用编程的思维解决生活中的问题。

♡ **想在轻松、有趣的环境下探索手机 APP 编程的大朋友**：本书更加注重创客式的思维方式，从作品的创作背景出发，明确作品功能，再带着你一起通过头脑风暴的形式来思考作品方案，最后再一起研究如何使用 App Inventor 软件中的功能将其实现，让你的创造更加有趣，让你的想法百分百地实现。

♡ **有创意却因为不会程序设计而放弃的朋友**：本书可以帮助你克服技术上的困难，让更多有趣的 APP 能够诞生，从而丰富我们的生活。

九、本书作者

　　参与本书编写的作者有省级教研人员，全国、省级优质课竞赛获奖教师。他们不仅长期从事计算机教学方面的研究，而且都有较为丰富的计算机图书编写经验。

　　本书由方其桂担任主编，张小龙、周本阔担任副主编。张小龙负责编写第 1、8 单元，周本阔负责编写第 2、7 单元，何源负责编写第 3、5 单元，王丽娟负责编写第 4、6 单元。随书资源由方其桂整理制作。

　　虽然我们有着十多年撰写计算机图书的经验，并尽力认真构思、验证和反复审核修改，但仍难免有一些瑕疵。我们深知一本图书的好坏需要广大读者去检验评说，在此我们衷心希望你对本书提出宝贵的意见和建议。服务电子邮箱为 wkservice@vip.163.com。

十、配套资源使用方法

　　本书附赠了书中案例的素材、源文件、教学课件和视频微课。你可以扫描每课中的二维码，在线观看教学视频，也可以扫描右侧的二维码，将内容推送到自己的邮箱中，然后下载获取全书所有的学习资源。

　　我们希望你在计算机旁边阅读本书，并且有部安卓系统的智能手机，遇到问题，就上机实践，有不懂的地方，可以观看我们为你提供的微课，更希望你有固定学习的时间，并且坚持下去！

编　者

目录

第 5 单元 我是老师小帮手

第 6 单元 身体健康多运动

第 7 单元 学习生活好助手

第 8 单元 游戏动画玩中学

第1单元

走进编程新世界

给自己的手机创建 APP，相信一定是你期待已久的事情。使用 App Inventor 可以轻松帮你实现自己的想法。下面带你一起探索制作 APP 之旅，体验 App Inventor 编程的奇妙旅程。

本单元主要介绍 App Inventor 2 相关基础知识、界面的基础构成，以及实例的运行方法，是后续内容学习的基础。

 本单元内容

第1课 带你认识新朋友

扫一扫，看视频

从现在开始，带你认识新朋友 App Inventor 2。用它来编写 APP，和我们平时用手机玩堆积木游戏的方法差不多，只需将代码块按照一定的逻辑拼接，就可以开发出各种在安卓智能手机、平板电脑上运行的程序。

App Inventor 2

💡 体验中心

1. 开发环境

App Inventor 的开发环境基于浏览器，任何一台可以通过浏览器访问互联网的计算机，都可以作为开发的硬件环境。首先打开浏览器，登录 App Inventor 服务器，登录之后会看到如图 1-1 所示的开发界面。

图 1-1　App Inventor 2 开发界面

2. 问题思考

> 问题 1：从哪里下载 App Inventor 软件？
>
> 问题 2：如何进入 App Inventor 开发环境？
>
> 问题 3：使用 App Inventor 开发的流程是什么？

💡 技术要点

1. App Inventor 2

App Inventor 2 是一款图形化的 APP 开发环境，用户能够以拖曳积木的形式开发 Android 平台的应用程序。国内的服务器有以下几种。

♡ **MIT App Inventor 汉化版** http://ai2.17coding.net/

♡ **App Inventor 2 WxBit 汉化增强版** https://app.wxbit.com/

♡ **MIT App Inventor 2 测试版** http://app.gzjkw.net/

2. AI2 伴侣

如果没有安卓手机或平板电脑，用户仍然可以调试程序。App Inventor 2 提供了一个安卓模拟器——AI2 伴侣，就像安卓设备一样，但可以运行在计算机上。使用 AI2 伴侣测试 APP 时，必须在联网状态下进行，主要有两种方式：一是用智能手机 +AI2 伴侣测试；二是用计算机安装 AI2 伴侣，模拟测试应用。如图 1-2 所示为 AI2 伴侣的界面。

计算机版界面

智能手机版界面

图 1-2　AI2 伴侣界面

3. 开发流程

制作 APP 首先要打开服务网站，登录服务器 (可以使用 QQ 账号登录)，新建项目，再进行项目的规划设计 (包括所需组件设计、逻辑设计)，然后根据规划设置组件属性及其对应的代码，最后保存项目，模拟调试项目，最终生成 APK 文件，安装在安卓系统的智能手机或平板电脑中。如图 1–3 所示为制作 APP 的流程。

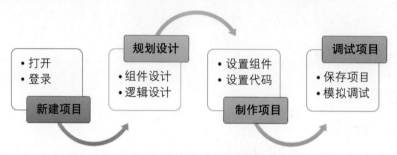

图 1–3　制作 APP 的流程

🔖 制作项目

1. 新建项目

设计的第一步要新建项目。给项目取名的时候要满足一定的规范，当不满足要求的时候，系统会有相应的提示。

01 登录服务器　打开浏览器，在地址栏中输入网址：https://app.wxbit.com/，按图 1–4 所示操作，登录服务器。

图 1–4　登录服务器

02 **完成项目创建** 按图 1-5 所示操作，输入项目名称，如"Hello"，完成项目的创建，进入设计界面。

图 1-5 完成项目创建

2. 界面设计

新建项目后，首先要设计界面。"Hello"项目仅需要一个"标签"组件，当打开应用后，标签显示蓝色文本"Hello World！"

01 **添加标签** 按图 1-6 所示操作，添加"标签"组件到 Screen1 中。

02 **设置标签属性** 按图 1-7 所示操作，设置标签的"文本颜色"属性为"蓝色"。

图 1-6 添加标签

图 1-7 设置标签属性

3. 添加组件行为

完成了界面的设计后，要切换到"逻辑设计"为组件添加组件行为，实现当应用启动后显示"Hello World！"的功能。

01 添加"Screen1"事件 按图 1-8 所示操作，单击"模块"下的"Screen1"，选中"当Screen1. 初始化"事件模块拖动到"工作面板"中。

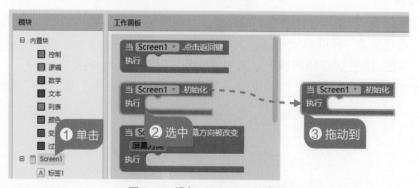

图 1-8 添加"Screen1"事件

02 添加设置标签文本模块　按图 1-9 所示操作，选择"标签 1"中的"设置标签 1 文本为"和内置块"文本"中的"空白文本"，拖动到"当 Screen1.初始化"的事件里面。

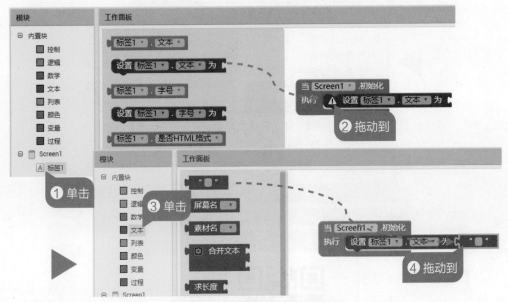

图 1-9　添加设置标签文本模块

03 设置标签文本内容　按图 1-10 所示操作，输入标签文本内容。

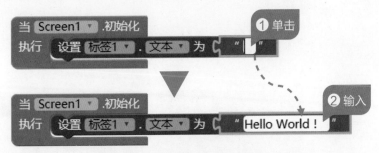

图 1-10　设置标签文本内容

4. 测试项目

在开发中，每当添加了新的模块，就要进行测试，确保一切功能运行正常，这一点非常重要。测试时，当应用启动后，显示"Hello World!"文本，说明你成功创建了第一个应用。

01 安装模拟器"AI 伴侣"　按图 1-11 所示操作，根据自己计算机的操作系统情况，选择对应的桌面版"AI 伴侣"下载后安装。

02 连接到"AI 伴侣"　按图 1-12 所示操作，打开"连接到 AI 伴侣"窗口。

03 查看运行效果　双击计算机桌面上的"AI2 伴侣"图标，运行"AI2 伴侣"，按图 1-13 所示操作，输入连接码后，查看运行效果。

图 1-11　下载"AI 伴侣"

图 1-12　连接到"AI 伴侣"

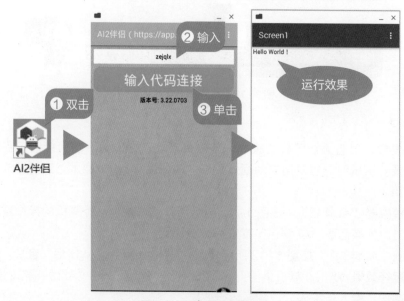

图 1-13　查看运行效果

04 保存项目　项目测试完成后，选择"项目"→"保存项目"命令，保存项目。

🔖 拓展延伸

1. 作品优化

　　案例"Hello"中，当应用启动后，显示蓝色文本"Hello World！"。尝试将文本内容修改为："欢迎来到 App Inventor 2 编程课堂"，文本颜色为红色，字号为 20。修改后运行"AI 伴侣"查看模拟效果。

2. 拓展创新

　　案例"Hello"中，在界面设计中添加一个"标签"，在其组件属性中设置文本为自己的姓名，文本颜色为蓝色。运行"AI 伴侣"查看模拟效果。

第 2 课　再次见面问声好

扫一扫，看视频

　　再次与 App Inventor 见面，你只需添加 2 个组件，摇一摇手机，手机就能够跟你说话。神奇吗？相信你一定迫不及待了，快一起来动手制作吧！

⚙️ 体验中心

1. AI2 集成版

　　从 App Inventor 2 WxBit 汉化增强版服务器 (https://app.wxbit.com/) 下载"AI2 伴侣"时，下载的是 AI2 集成版，集成了 3 个软件，分别是 AI2 集成版、AI2 汉化版和 AI2 伴侣。打开 AI2 集成版时，会同时打开 AI2 汉化版和 AI2 伴侣。也可以单独运行 AI2 汉化版，它集成了浏览器，运行界面和登录 App Inventor 2 WxBit 汉化增强版服务器是一样的，其运行界面如图 2-1 所示。

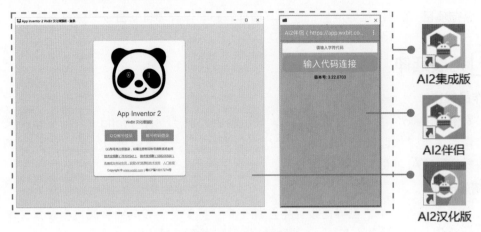

图 2-1　AI2 集成版

> 提示
>
> 　　AI2 集成版也是在线开发工具，只是内置了浏览器。打开软件时，通过内置浏览器登录服务器。

2. 问题思考

问题 1：实现"摇一摇"功能，需要什么组件呢？

问题 2：让手机"说话"，用的是什么组件？

问题 3：如何用智能手机测试项目？

技术要点

1. 删除代码块

　　在使用 App Inventor 2 编程时，删除不要的代码是经常性操作。App Inventor 2 有以下 3 种删除代码的方法。

♡　**使用快捷菜单**　在要删除的代码上右击，按图 2-2 所示操作，确认删除。

图 2-2　使用快捷菜单删除代码

♡ **拖动到"垃圾桶"** 选中代码后，按图 2-3 所示操作，将代码块拖动到界面右下角的"垃圾桶"后，根据提示确认删除。

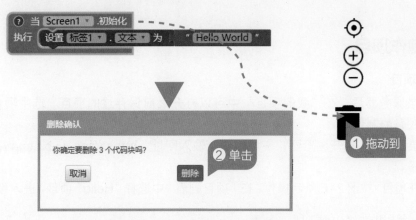

图 2-3　拖动到垃圾桶方式删除代码

♡ **按 Delete 键删除** 选中代码后，按 Delete 键，弹出如图 2-4 所示的提示，确认删除。

图 2-4　按 Delete 键删除代码

2. 添加注释

　　添加注释是对程序做一个标记，特别是当程序越来越复杂时，能及时有效地进行维护、修改。对程序阅读者来说，这是一个解释，能让读者彻底了解程序和设计者的思路。App Inventor 2 添加注释方法如图 2-5 所示。

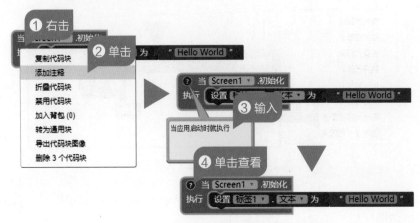

图 2-5　添加注释

制作项目

1. 打开项目

登录服务器后，在"我的项目"中可以打开之前保存过的项目。选中项目后，可以继续项目的制作。

01 登录服务器　打开浏览器，在地址栏中输入网址：https://app.wxbit.com/，登录服务器。

02 打开项目　按图 2-6 所示操作，在"项目列表"中选择"Hello"项目，进入设计界面。

图 2-6　打开项目

2. 界面设计

打开"Hello"项目后，可以更改原界面中的组件，也可以添加新的组件实现新的功能。本课需要修改"标签"组件，实现"摇一摇"功能需添加加速度传感器组件，实现手机"说话"需添加百度语音合成组件。摇一摇手机后，手机语音说："很高兴，再次看到你！"

01 修改标签属性　按图 2-7 所示操作，选中"组件列表"中的"标签 1"，修改"组件属性"中的"文本"内容为"摇一摇，有惊喜哦！"

图 2-7　修改标签属性

02　添加加速度传感器组件　在"组件面板"的"传感器"中将"加速度传感器"拖动到"工作面板"下的 Screen1 中，按图 2-8 所示操作，添加组件。

图 2-8　添加加速度传感器组件

03 添加百度语音合成组件 按照相同的方法，选择"人工智能"中的"百度语音合成"，添加到 Screen1。

3. 添加组件行为

添加了组件后，要切换到"逻辑设计"为组件添加组件行为，实现摇一摇手机后，手机会说"很高兴，再次看到你！"的功能。

01 删除代码块 单击"逻辑设计"组件，按图 2-9 所示操作，删除"当 Screen1. 初始化"代码。

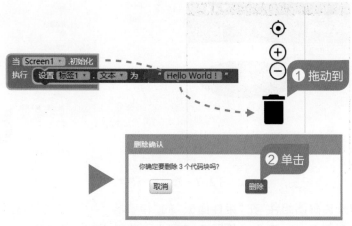

图 2-9　删除代码块

02 添加加速度传感器被晃动事件 按图 2-10 所示操作，单击"Screen1"中的"加速度传感器 1"，添加"当加速度传感器 1. 被晃动"事件到"工作面板"中。

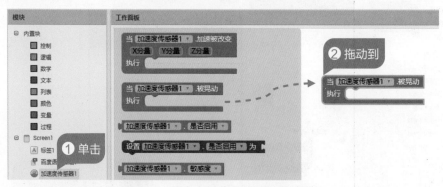

图 2-10　添加加速度传感器被晃动事件

03 调用百度语音合成朗读文本事件 按图 2-11 所示操作，选择"调用百度语音合成 1. 朗读文本"到"当加速度传感器 1. 被晃动"事件的卡槽中。

04 设置朗读文本消息内容 按图 2-12 所示操作，选择"文本"模块中的"输入字符串文本"到"调用百度语音合成 1. 朗读文本"的"消息"卡槽中，并输入内容：很高兴，再次看到你！

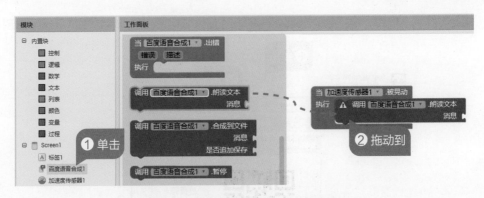

图 2-11 调用百度语音合成朗读文本事件

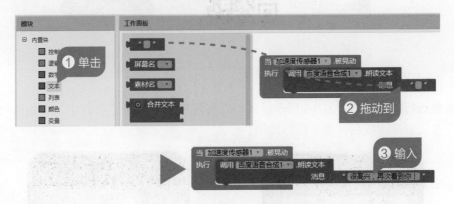

图 2-12 设置朗读文本消息内容

4. 测试项目

测试项目时，桌面版的"AI 伴侣"不能实现"摇一摇"功能，必须在安卓系统的智能手机或平板电脑中安装"AI 伴侣"来进行模拟测试。

01 智能手机安装 "AI 伴侣" 按图 2-13 所示操作，使用安卓系统的智能手机"扫一扫"安装"AI 伴侣"应用。

图 2-13 智能手机安装 "AI 伴侣"

02 连接到 "AI 伴侣"　按图 2-14 所示操作，打开 "连接到 AI 伴侣" 窗口，等待连接。

图 2-14　连接到 "AI 伴侣"

03 查看运行效果　按图 2-15 所示操作，在智能手机中运行 "AI 伴侣"，输入代码或扫描二维码连接后，查看运行效果。

图 2-15　查看运行效果

04 导出项目　项目测试完成保存项目后，选择 "导出项目 (.aia)" 命令，导出项目文件 "Hello.aia" 到作品文件夹中。

拓展延伸

1. 作品优化

用智能手机测试案例时，"摇一摇"手机后，手机说出了一段话。尝试修改朗读文本的消息内容，修改后运行"AI 伴侣"模拟查看效果。

2. 拓展创新

案例"Hello"中进行逻辑设计时，在"当加速度传感器 1. 被晃动"事件中添加了一个"调用百度语音合成 1. 朗读文本"事件，尝试再添加一个"调用百度语音合成 1. 朗读文本"事件，猜一猜当"摇一摇"智能手机后，系统同时说出两句话还是依次说出两句话？使用智能手机运行"AI 伴侣"模拟查看效果。

第 3 课　打开实例学方法

扫一扫，看视频

"打地鼠"是一款常见的小游戏，相信你也想用 App Inventor 2 编写出"打地鼠"游戏。不用着急，学习编程要先学会阅读实例、分析实例、修改实例，这样才能够快速提升编程能力。

体验中心

1. 程序体验

在智能手机中运行"打地鼠"游戏。游戏开始后，地鼠会从一个个地洞中不经意地探出一个脑袋，企图躲过游戏者的视线。不用心软，直接快速点击下去，力求一次一个准，来一个打一个，来两个打一双，实例效果如图 3-1 所示。

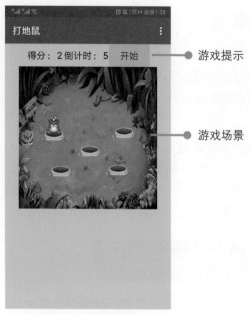

图 3-1　程序体验

2. 问题思考

问题 1：如何打开"打地鼠"实例呢？

问题 2：这么多组件都有什么作用？

问题 3：如何生成 APK 文件？

技术要点

1. 导入展厅项目

App Inventor 2 WxBit 汉化增强版服务器的"展厅"中提供了其他用户分享的项目文件。这些项目可以导入"我的项目"中，以用来学习和分析，操作方法如图 3-2 所示。

2. 下载素材列表中的素材

素材列表中的文件可以下载到计算机中，以供分析案例使用，按图 3-3 所示操作，进行素材下载。

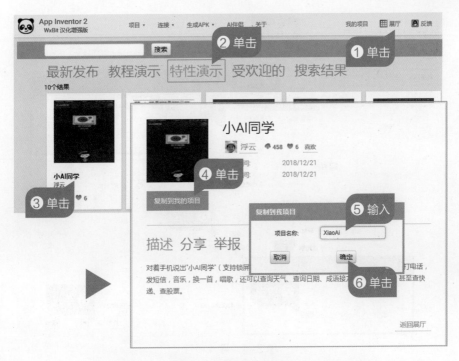

图 3-2　导入展厅项目

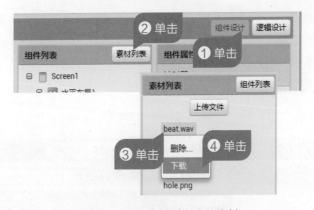

图 3-3　下载素材列表中的素材

制作项目

1. 导入项目

　　分析项目之前，要导入项目。导入项目时要注意，系统暂时不支持含有中文名称的项目。

01　**登录服务器**　双击"AI2 集成版"图标，运行"AI2 集成版"，登录服务器。

02　**导入项目**　按图 3-4 所示操作，选择"素材"文件夹中的项目文件后，导入项目。

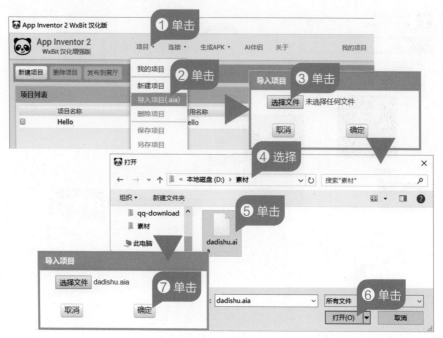

图 3-4　导入项目

2. 体验项目

　　导入项目后，在智能手机上运行"AI 伴侣"，模拟测试实例，了解实例功能，先来"玩一玩"体验下实例。

01　连接到"AI 伴侣"　按图 3-5 所示操作，打开"连接到 AI 伴侣"窗口。

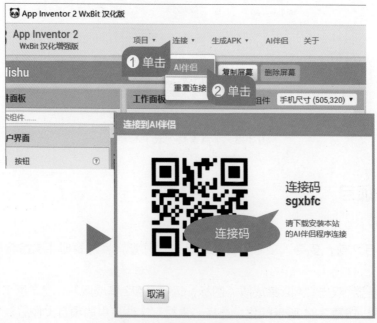

图 3-5　连接到"AI 伴侣"

02 查看运行效果　在智能手机上运行"AI 伴侣"后，按图 3-6 所示操作，输入代码或扫描二维码连接后，测试"打地鼠"程序。

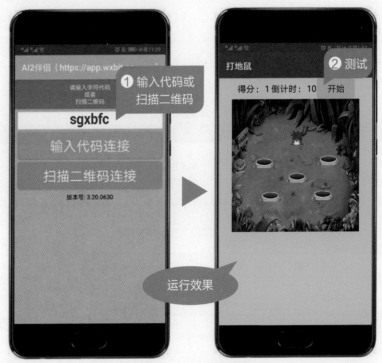

图 3-6　查看运行效果

3. 修改项目

初步了解实例的功能后，先观察"组件列表"中各组件的类型，分析组件属性，然后阅读"逻辑设计"中的代码，分析代码，最后尝试修改组件属性和代码。

01 观察组件列表　切换到"组件设计"页面，观察实例所用组件。实例"dadishu"所用组件如表 3-1 所示。

表 3-1　　**"dadishu"组件列表**

组件类型	名称	作用
Ａ 标签	没用	显示"得分："文本
Ａ 标签	得分	显示得分数
Ａ 标签	也没用	显示"倒计时："文本
Ａ 标签	倒计时	显示倒计时数
按钮	开始	点击后游戏开始计时
画布	画布 1	放置图像精灵
图像精灵	洞 1 至洞 5	显示 5 个洞的造型
图像精灵	mouse	显示地鼠造型

（续表）

组件类型	名称	作用
⏰ 计时器	计时器	计时
🔊 音效和振动	音效1	播放素材列表声音文件

02 **分析组件属性** 分别单击组件列表中的各组件，查看组件属性面板中各属性设置。实例 "dadishu" 各组件属性如表 3-2 所示。

表 3-2 "dadishu" 组件属性

组件	所属组件组	命名	属性
👀 水平布局	界面布局	水平布局 1	水平对齐：居左 垂直对齐：居中
A 标签	用户界面	没用	文本："得分：" 字号：20
A 标签	用户界面	得分	字号：20
A 标签	用户界面	也没用	文本："倒计时：" 字号：20
A 标签	用户界面	倒计时	文本："10" 字号：20
按钮	用户界面	开始	文本："开始" 字号：20 背景颜色：青色
画布	绘图动画	画布 1	宽度：300 像素 高度：300 像素 背景图片：bg.png
图像精灵	绘图动画	洞 1	图片：hole.png X 坐标：51 Y 坐标：134
图像精灵	绘图动画	洞 2	图片：hole.png X 坐标：203 Y 坐标：128
图像精灵	绘图动画	洞 3	图片：hole.png X 坐标：129 Y 坐标：167
图像精灵	绘图动画	洞 4	图片：hole.png X 坐标：66 Y 坐标：210
图像精灵	绘图动画	洞 5	图片：hole.png X 坐标：190 Y 坐标：207
图像精灵	绘图动画	mouse	图片：dishu.png X 坐标：138 Y 坐标：72
⏰ 计时器	传感器	计时器	默认设置
🔊 音效和振动	多媒体	音效1	源文件：beat.wav

03 **修改组件属性** 按图 3-7 所示操作，尝试修改组件 "洞 1" 的坐标属性值。

04 **分析代码** 切换到 "逻辑设计" 页面，观察实例代码，如图 3-8 所示为分析代码功能。

05 **修改代码** 按图 3-9 所示操作，尝试修改代码中的参数。

06 **另存项目** 修改后，选择 "项目" → "另存项目" 命令，项目另存为 dadishu_1。

图 3-7　修改组件属性

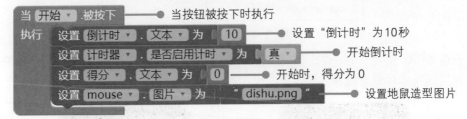

图 3-8　分析代码

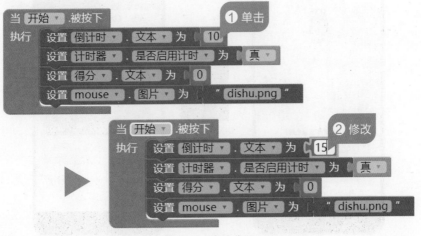

图 3-9　修改代码

4. 生成 APK

项目测试完毕后，可以生成 APK 文件，安装到智能手机或平板电脑中。程序独立运行，不再依赖于"AI 伴侣"，这样一个正式的安卓应用程序就诞生了。

01 测试项目 在智能手机上运行"AI 伴侣"，测试修改后的项目效果。

02 生成 APK 按图 3-10 所示操作，生成 APK 的二维码下载地址。

图 3-10　生成 APK 下载二维码地址

03 安装 APK 使用"扫一扫"下载 APK 文件后，按图 3-11 所示操作，安装 APK 文件后运行软件查看效果。

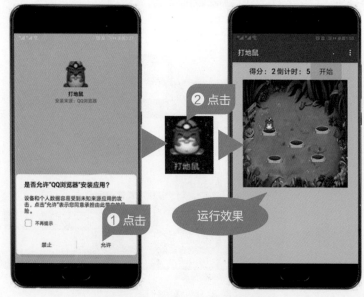

图 3-11　安装 APK 并查看效果

拓展延伸

1. 作品优化

在案例"打地鼠"中，尝试直接修改坐标值来更改组件的位置属性。组件的位置还可以直接在界面中拖动来更改。请你用此方法重新布置5个洞的位置，修改后运行"AI伴侣"查看模拟效果。

2. 拓展创新

在案例"打地鼠"中，地鼠每秒更换一次位置，若想提高地鼠的移动速度，需要更改哪个参数呢？提示：计时器的默认时间间隔是1000，意思是1000毫秒更新一次。

第2单元

和你手机玩互动

上一单元已经初步了解 App Inventor 2，本单元将通过此软件开发小程序，让你和手机进行互动。

本单元设计了 3 个活动，使用按钮、标签等组件设计界面，再使用逻辑设计编写脚本控制角色，进行互动游戏，玩转 APP。

 本单元内容

第 4 课　和宠物打个招呼

扫一扫，看视频

你曾经玩过 (或看过) 养宠物的手机游戏吗？宠物能够与你互动，是不是觉得很神奇！本课我们将通过"和宠物打个招呼"案例，尝试自己设计一个简单的互动小游戏，当触碰屏幕中的小狗时，它会友好地和你打招呼。

💡 体验中心

1. 程序体验

使用"AI 伴侣"软件运行"和宠物打个招呼"程序，触碰可爱的"小狗"，试试小狗是怎样与你打招呼的。

2. 问题思考

> 问题 1：需要哪些组件？怎样布局呢？
>
> 问题 2：小狗是如何发出声音的？
>
> 问题 3：怎样实现触碰小狗会显示文字的效果？

程序规划

1. 功能规划

此案例并不复杂，就是一只可爱的小狗，能够在触碰时发出叫声。所以只需把小狗设计成一个按钮，当点击该按钮时，响应事件，播放声音。此外，在游戏底部还有一句提示"爱我你就摸摸我"，用一个"标签"即可。

2. 界面规划

从功能描述中，我们知道，要实现与手机中的宠物互动，只需使用按钮、标签等组件。关于界面设计，可以通过"界面布局"中的水平布局合理摆放。仿照图 4-1 所示，画出界面结构草图。

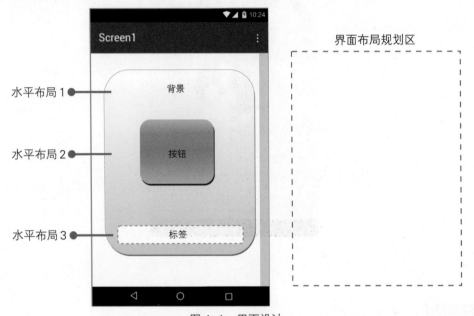

图 4-1　界面设计

3. 组件规划

根据程序交互和实现的需要，在用户界面中，需要用按钮来显示小狗，用标签温馨提示，用音效播放小狗叫声。具体的用户界面组件如表 4-1 所示。

表 4-1　"用户界面"组件列表

组件类型	名称	作用
按钮	Button1	小狗
标签	标签 1	温馨提示
音效	Sound1	小狗叫声，非可视组件

算法设计

1. 执行顺序

进入游戏，触碰小狗，发出叫声，执行步骤如图 4-2 所示。

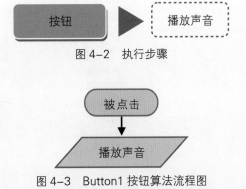

图 4-2　执行步骤

2. 算法与流程

通过前面的分析可知，Button1 按钮是程序的主控按钮，算法流程图如图 4-3 所示。

图 4-3　Button1 按钮算法流程图

编写程序

1. 设置组件

规划好程序后，要先添加组件，并设置组件属性。本案例需要设置背景，添加标签、布局。

01 新建项目　新建 App Inventor 2 项目，命名为 HelloDoggy。

02 上传背景图片　按图 4-4 所示操作，上传 bg.jpg 图片素材，并将其设置为屏幕背景，修改屏幕标题为"和宠物打个招呼"。

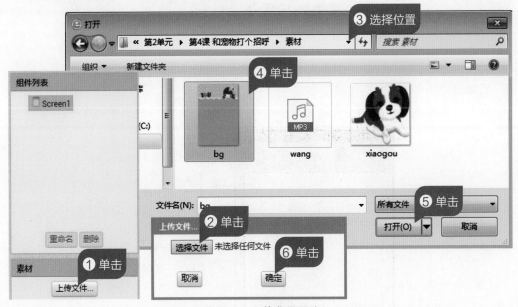

图 4-4　上传背景图片

03 设置背景　在"组件属性"中，找到"背景图片"栏，按图 4-5 所示操作，设置实例背景。

04 添加水平布局 1　在"组件面板"的"界面布局"中，拖动"水平布局"组件到工作面板，按图 4-6 所示操作，设置水平布局属性。

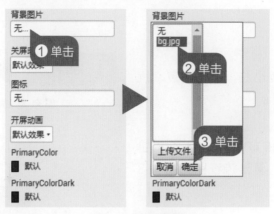

图 4-5　设置背景

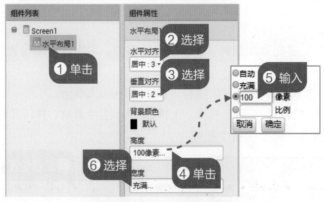

图 4-6　设置水平布局属性

05 添加其他水平布局　在"界面布局"中拖动"水平布局"组件到工作面板，分别设置宽度和高度，设置后的屏幕效果如图 4-7 所示。

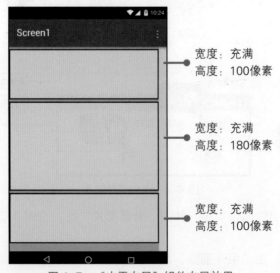

图 4-7　"水平布局"组件布局效果

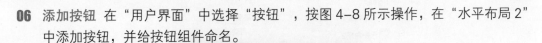

"水平布局"用来规划布局界面，本实例放置 3 个水平布局，并非都有内容，最上面的"水平布局"仅仅用于占位置。

06 添加按钮　在"用户界面"中选择"按钮"，按图 4-8 所示操作，在"水平布局 2"中添加按钮，并给按钮组件命名。

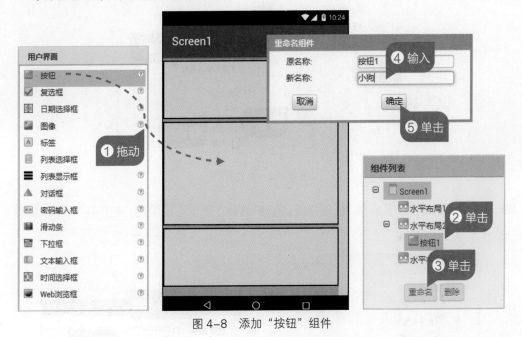

图 4-8　添加"按钮"组件

07 设置按钮属性　在"水平布局 2"中选择"小狗"，按图 4-9 所示操作，设置按钮属性。

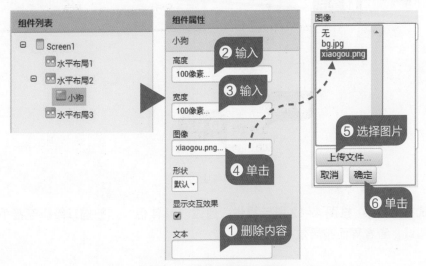

图 4-9　设置"按钮"属性

08 添加标签 在"用户界面"中选择"标签",拖入"水平布局 3"中,按图 4-10 所示操作,设置标签属性。

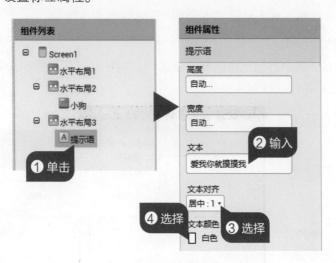

图 4-10 添加标签

09 上传声音 选择"多媒体"组件面板,拖动"音效"到非可视组件,按图 4-11 所示操作,上传小狗叫声。

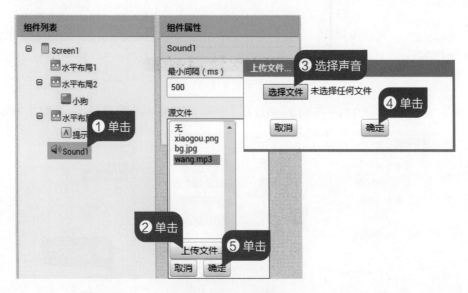

图 4-11 上传声音

10 测试布局效果 按图 4-12 所示操作,通过"AI 伴侣",扫描二维码连接手机,实时测试,查看界面布局效果。

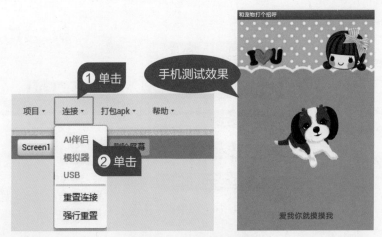

图 4-12　测试布局效果

提示

　　在计算机端软件中设计界面，显示效果不同于手机，因此需要连接手机反复测试，预览效果。

2. 逻辑设计

　　按图规划，添加组件设计好界面，再根据算法，对"按钮"组件进行逻辑设计，实现触碰发出声音的效果。

01 添加按钮单击事件　单击"逻辑设计"工作面板，进入逻辑设计界面，按图 4-13 所示操作，添加按钮单击事件。

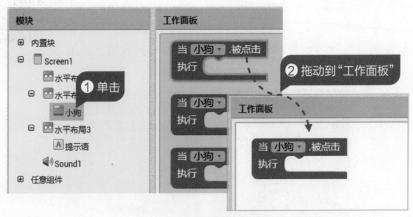

图 4-13　添加按钮单击事件

02 调用播放声音　按图 4-14 所示操作，调用播放上传的 Sound1。

03 测试、保存程序　在计算机中运行"AI 伴侣"软件，手机扫描二维码连接，测试程序，完善保存项目文件。

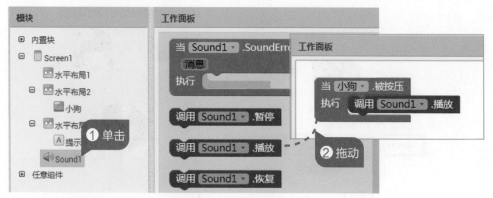

图 4-14　调用播放声音

💡 拓展延伸

1. 添加互动消息

试着给界面添加一个标签,用来显示互动消息。当触碰小狗时,不仅能发出"汪汪"的叫声,还能与宠物亲密互动。

2. 创意无限

本案例只有一只小狗,如果给小狗找个玩伴,是不是更加有趣,思考应怎样实现,试着做一做。

第 5 课　就爱和你玩变脸

小猫 Kitty 表情丰富,开心的、可怜的、卖萌的、愤怒的……你想任意切换它的表情,来一次亲密互动吗?我们将通过"就爱和你玩变脸"案例,设计多个控制表情按钮,来控制小猫表情,你准备好了吗?

扫一扫,看视频

体验中心

1. 程序体验

运行"就爱和你玩变脸"程序，使用"AI 伴侣"软件连接手机，玩一玩，观察程序界面有多少个表情按钮，单击按钮，看看小猫的表情包。

2. 问题思考

问题 1：小猫表情用什么组件显示？

问题 2：小猫的表情需要多个组件吗？

程序规划

1. 功能规划

此案例有一只多表情的小猫，单击不同按钮，会显示相应的表情图，一个按钮对应一个表情，案例设计了 8 个按钮，则需要 8 个表情图。因此，可把小猫设计成一个按钮，当单击相应按钮时，响应事件，小猫按钮图像设置为对应表情图。所以，需要上传 8 个表情图，并且设置"图像"组件的属性为不可见。

2. 界面规划

在上述功能规划中，要实现与手机中的小猫互动，使用按钮组件即可实现，一共需要 8 个按钮，通过"界面布局"中的"水平布局"合理摆放。仿照图 5-1 所示，画出界面结构草图。

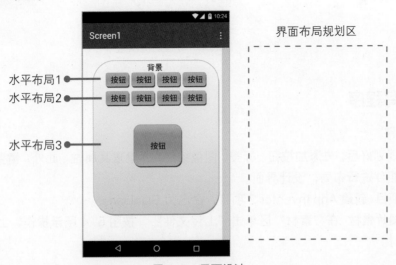

图 5-1　界面设计

3. 组件规划

根据程序交互和实现的需要，在用户界面中，需要用按钮来显示小猫，用标签温馨提示。具体的用户界面组件如表 5-1 所示。

表 5-1 **"用户界面"组件列表**

组件类型	名称	作用
📱 按钮 1~8	Button1~8	控制表情按钮
📱 按钮 9	Kitty	显示小猫表情图
🖼 图像	表情图	不可见，用于填充按钮 9

📖 算法设计

1. 执行顺序

进入游戏，单击表情按钮，显示表情图、互动消息，执行步骤如图 5-2 所示。

图 5-2 执行步骤

2. 算法与流程

通过前面的分析可知，8 个按钮是程序的主控按钮，算法流程图如图 5-3 所示。

图 5-3 Button1~8 按钮流程图

📖 编写程序

1. 设置组件

程序规划好后，先添加按钮、标签、图像组件，并设置其属性。此外，需要使用"水平布局"组件进行布局，设计界面。

01 新建项目 新建 App Inventor 2 项目，命名为 BianLian。

02 上传图片素材 在"素材"区单击"上传文件"，按图 5-4 所示操作，上传所有图片素材。

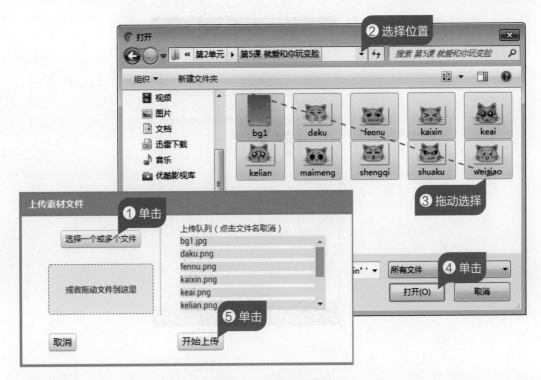

图 5-4　上传图片素材

03 设置屏幕属性　单击选择"组件列表"中的 Screen1，在"组件属性"中修改标题为"就爱和你玩变脸"，并按图 5-5 所示操作，设置背景。

图 5-5　设置屏幕属性

04 添加水平布局　在"组件面板"的"界面布局"中，拖动 3 个"水平布局"到工作面板，设置水平布局属性，如图 5-6 所示。

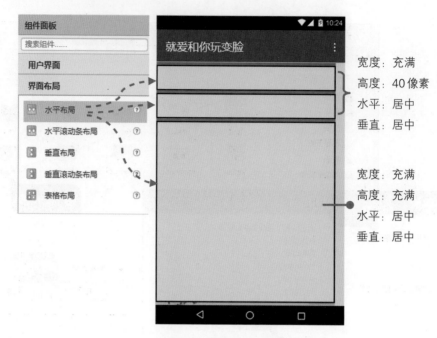

图 5-6　添加水平布局

05 添加按钮　在"用户界面"中选择"按钮"，按图 5-7 所示操作，添加 8 个按钮，并给按钮组件命名。

图 5-7　添加"按钮"组件

06 设置按钮属性　在"组件列表"中选择各个按钮，按图 5-8 所示操作，设置按钮属性。

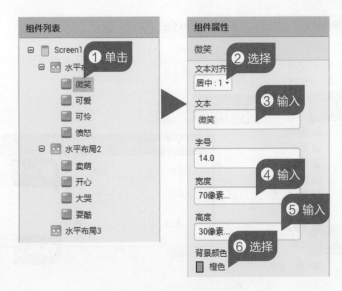

图 5-8　设置"按钮"属性

07 添加"小猫"按钮　在"水平布局 3"中，拖入一个按钮，按图 5-9 所示操作，设置按钮属性。

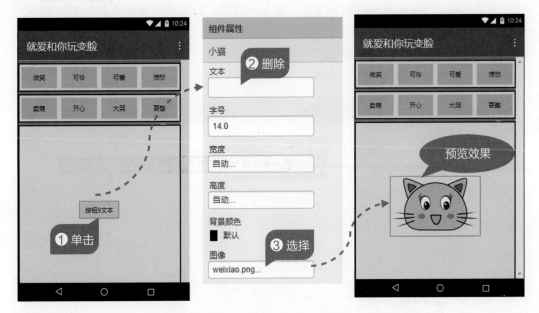

图 5-9　添加"小猫"按钮

08 添加图像　在"水平布局 3"中，拖入 8 个"图像"组件，按图 5-10 所示操作，设置属性。

09 测试布局效果　通过"AI 伴侣"，扫描二维码连接手机，实时测试，查看界面布局效果。

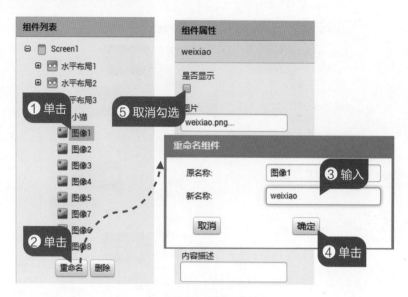

图 5-10　添加图像

2. 逻辑设计

　　按图规划，添加组件设计好界面后，再根据算法，对各个表情按钮进行逻辑设计，实现表情切换效果。

01 添加按钮单击事件　单击"逻辑设计"工作面板，进入逻辑设计界面，参考图 5-11，从对应的模块中找到积木，添加按钮单击事件。

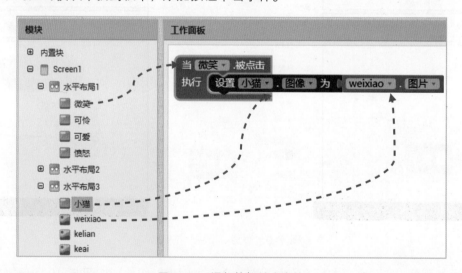

图 5-11　添加按钮单击事件

02 复制脚本　按图 5-12 所示操作，复制按钮脚本，修改设置其他按钮脚本。

03 测试、保存程序　在计算机中运行"AI 伴侣"软件，手机扫描二维码连接，测试程序，完善保存项目文件。

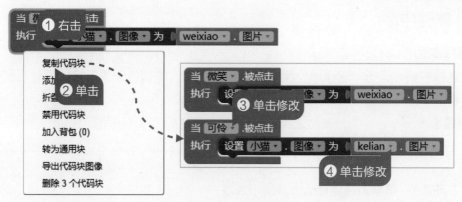

图 5-12　复制脚本

拓展延伸

1. 添加声音效果

在上一课中，小狗能发出"汪汪"的叫声，你能给本案例中的小猫也添加声音效果吗？

2. 添加互动消息

如果在屏幕底部添加一个"标签"组件，用来显示与小猫的互动消息，你能尝试在"逻辑设计"中找到标签的相关积木，实现互动的效果吗？

第 6 课　和你一起趣涂鸦

厦门大学被誉为"最美大学"，去过的人一定知道芙蓉隧道，隧道壁的涂鸦色彩艳丽，彰显个性，产生强烈的视觉冲击。你喜欢涂鸦吗？可以开发一个涂鸦软件，在手机上就能随意而作，岂不快哉！

扫一扫，看视频

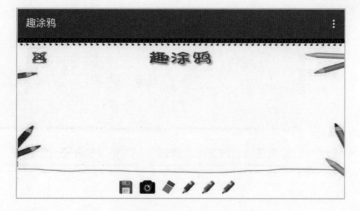

体验中心

1. 程序体验

连接手机，运行"趣涂鸦"程序，畅快地涂鸦，体验创作的乐趣，同时观察程序界面提供了哪些按钮功能。

2. 问题思考

问题 1：屏幕上通过什么方式留下痕迹？

问题 2：笔和橡皮有现成的组件吗？

问题 3：通过什么方式实现拍照？

程序规划

1. 功能规划

在体验中了解案例的功能，有 3 支不同颜色的笔 (分别是红色、蓝色、绿色) 和一个橡皮，可以使用手机摄像头拍摄照片，并保存涂鸦作品。当单击选择一支笔时，在空白区域就能画出相应颜色的图案；当单击选择橡皮时，就能清除所有的涂鸦内容。

2. 界面规划

根据上述功能规划，其中笔、橡皮、保存、拍照等功能均是按钮，所以需要 6 个按钮，空白涂鸦的区域是画布。仿照图 6-1 所示，画出界面结构草图。

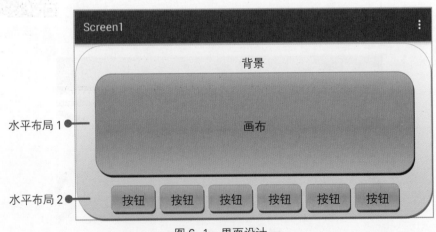

图 6-1　界面设计

界面布局规划区

图 6-1　界面设计（续）

3. 组件规划

　　案例中的笔、橡皮、保存、拍照都是通过按钮来实现的，为了按钮排列有序，在每个按钮之间添加一个标签，将按钮隔开。因为有拍照功能，需要"照相机"组件，保存文件名自动加上日期，需要使用"计时器"。具体的用户界面组件如表 6-1 所示。

表 6-1　"用户界面"组件列表

组件类型	名称	作用
按钮	保存	保存涂鸦作品
按钮	拍照	使用手机摄像头拍照
按钮	橡皮	清除画布内容
按钮	红笔	选择红色
按钮	绿笔	选择绿色
按钮	蓝笔	选择蓝色
画布	画布 1	用来涂鸦的地方
照相机	照相机 1	实际拍摄功能，组件不可见
计时器	计时器 1	用来获取日历，组件不可见

算法设计

1. 执行顺序

　　程序执行步骤如图 6-2 所示。

2. 算法与流程

　　通过前面的分析可知，在屏幕画布触碰拖动响应事件，程序算法流程图如图 6-3所示。

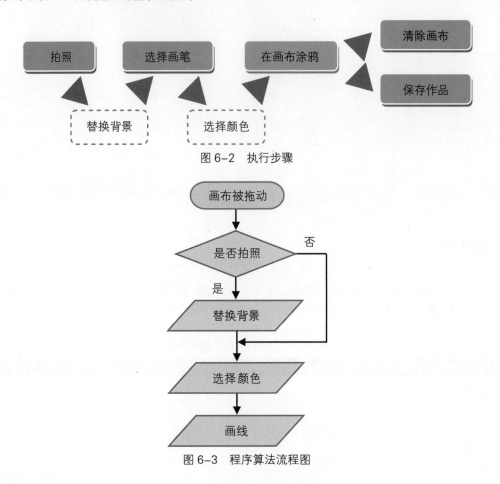

图 6-2　执行步骤

图 6-3　程序算法流程图

技术要点

1. 在屏幕上画线

在 App Inventor 程序设计中，实现在屏幕中任意画线，需要使用"画布"组件。通过坐标来具体实现，应用"画布"组件中的"当画布被拖动"和"调用画布画线"，如图 6-4 所示。

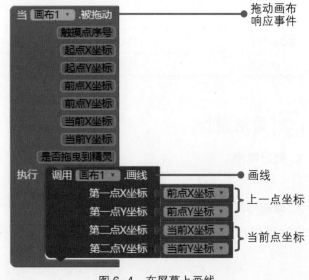

图 6-4　在屏幕上画线

2. 拍照设置背景

调用手机摄像头，拍摄照片作为画布的背景，需要借助"照相机"组件，并用照相机拍摄完成后，设置为画布的背景，如图 6-5 所示。

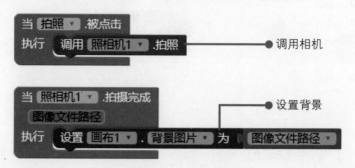

图 6-5　拍照设置背景

📖 编写程序

1. 设置组件

程序规划好后，先添加按钮、标签、图像组件，并设置其属性。此外，需要使用"水平布局"组件进行布局，设计界面。

01 新建项目　新建 App Inventor 2 项目，命名为 QuTuYa。

02 上传图片素材　在"素材列表"区中单击"上传文件"按钮，上传所有图片素材，如图 6-6 所示。

图 6-6　上传图片

03 设置屏幕属性　单击选择"组件列表"中的 Screen1，在"组件属性"中修改标题为"趣涂鸦"，按图 6-7 所示操作，调整屏幕方向。

图 6-7　设置屏幕属性

04 添加画布　在"组件面板"的"绘图动画"中，拖动组件"画布"到工作面板，按图 6-8 所示操作，设置画布属性。

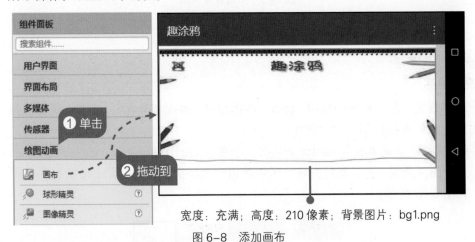

宽度：充满；高度：210 像素；背景图片：bg1.png

图 6-8　添加画布

05 添加水平布局　在"组件面板"的"界面布局"中，拖动"水平布局"到工作面板画布下方，设置水平布局属性，效果如图 6-9 所示。

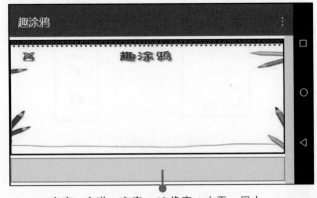

宽度：充满；高度：40 像素；水平：居中

图 6-9　添加水平布局

06 添加按钮 在"用户界面"中选择"按钮",分别拖动 6 个按钮至水平布局,参考表 6-2,设置各按钮属性。

表 6-2 "按钮"组件属性

按钮	命名	属性
💾	保存	文本:清空 宽度:25 像素 高度:25 像素
📷	拍照	文本:清空 宽度:30 像素 高度:25 像素
🪨	橡皮	文本:清空 宽度:25 像素 高度:25 像素
✒	红笔	文本:清空 宽度:25 像素 高度:25 像素
✒	绿笔	文本:清空 宽度:25 像素 高度:25 像素
✒	蓝笔	文本:清空 宽度:25 像素 高度:25 像素

07 添加标签 为了使按钮之间间隔平均,拖入 5 个"标签"组件,设置文本为空,宽度为 10 像素,效果如图 6-10 所示。

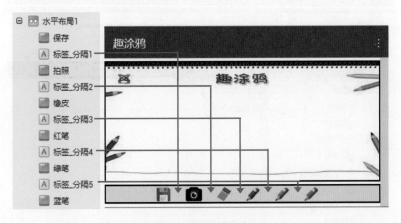

图 6-10 添加标签

08 添加其他组件 按图 6-11 所示操作,添加"照相机"和"计时器"组件到"不可见组件"。

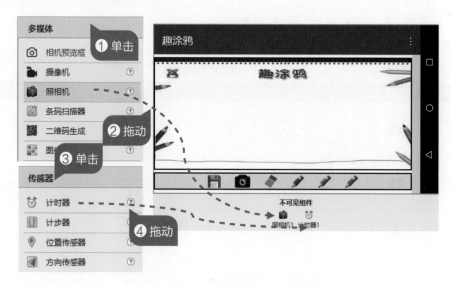

图 6-11　添加"照相机"和"计时器"

09　测试布局效果　通过"AI 伴侣",扫描二维码连接手机,实时测试,查看界面布局效果。

2. 逻辑设计

在添加好组件后,逻辑设计中需要考虑选择颜色、在画布中画线、拍摄照片设置背景几个功能。

01　添加红笔代码　单击"逻辑设计"工作面板,进入逻辑设计界面,参考图 6-12,从对应的模块中找到积木,添加按钮单击事件。

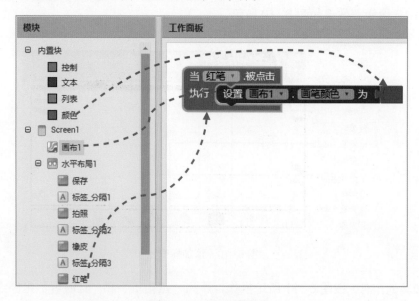

图 6-12　添加红笔代码

02 复制脚本　选择"红笔"按钮代码，复制代码块，再按图 6-13 所示操作，修改设置，完成"绿笔""蓝笔"按钮代码。

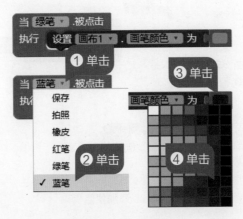

图 6-13　复制脚本

03 添加画布代码　按图 6-14 所示操作，将"画布 1"组件中的"当画布 1 被拖动""调用画布 1 画线"代码块拖动到工作面板，设置相应的坐标参数。

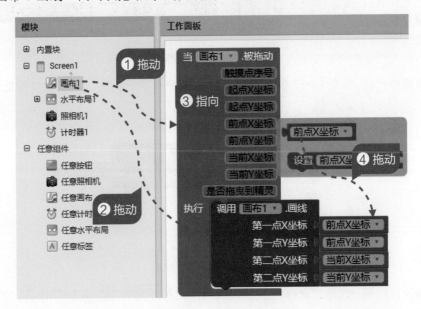

图 6-14　添加画布代码

04 添加拍照代码　按图 6-15 所示操作，分别从"拍照"和"照相机"组件中拖动相应的代码块，实现拍照功能。

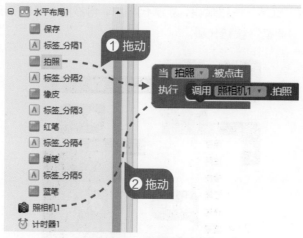

图 6-15　添加拍照代码

05 设置画布背景　按图 6-16 所示操作，拍摄完成后，将拍摄的照片设置为画布背景。

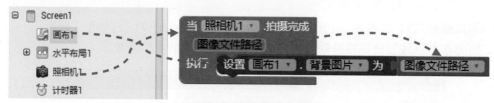

图 6-16　设置画布背景

06 添加橡皮代码　按图 6-17 所示操作，添加清除画布代码块，实现橡皮擦功能。

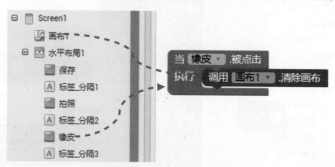

图 6-17　添加橡皮代码

07 添加保存代码　选择"保存"按钮，调用"画布 1 另存为"来保存作品，调用"计时器 1 当前毫秒时间"自动命名，代码如图 6-18 所示。

图 6-18　添加保存代码

08 **测试、保存程序**　在计算机中运行"AI 伴侣"软件，手机扫描二维码连接，测试程序，完善保存项目文件。

拓展延伸

1. 画圆

"画布"组件中还有哪些代码块，你能试着在画布中画出一个点和一个圆吗？

2. 添加互动消息

本案例只有红、绿、蓝 3 种颜色，请你试着再添加几种颜色，让涂鸦作品更加丰富，更加有趣。

第 3 单元

数学王国魅力大

　　数学王国有许多问题等着我们去探索和解决。本单元我们将走进魅力无穷的数学王国，运用 App Inventor 一起玩有趣的数学游戏，解决经典的数学问题，培养计算思维和解决问题的能力。

　　本单元设计了 3 个活动，认识变量、列表和程序设计中的 3 种程序结构——顺序结构、选择结构和循环结构，同时进一步认识 App Inventor 软件逻辑设计的内置模块。

 本单元内容

第 7 课　你来猜猜我多大

你看过大人猜拳了吗？你猜过别人的年龄吗？为什么这些游戏神秘又刺激？对，它们都有一个神秘的数，看不见、摸不着，只知道它大致的范围。这种神秘数字就是数学常用到的"随机数"。本课我们将通过"猜大小"案例来认识这种神秘数，同时还将认识用于存放随机数的容器——变量。

💡 体验中心

1. 程序体验

使用"AI 伴侣"软件运行"猜大小"程序，先点击"产生随机数"按钮，然后输入自己猜的数字，点击"猜一猜"按钮查看结果，运行效果如图 7-1 所示。试一试你能几次猜中。

图 7-1　作品效果

2. 问题思考

问题 1 : 需要哪些组件？怎样布局呢？

问题 2 : 随机数是如何产生的？

问题 3 : 怎样判断输入的数是大了还是小了？

程序规划

1. 功能规划

程序首先产生一个神秘数，也就是一定范围的随机数，用户在文本框中输入数字，再比较大小。为更好地与用户互动，程序还要有一定的信息反馈，告诉用户输入的数是大还是小。

2. 界面规划

从功能规划中，我们可以看到要实现与手机中的神秘数互动，必须要有输入与输出的区域，同时要有一定的交互按钮来执行程序。仿照图 7-2 所示，画出界面结构草图。

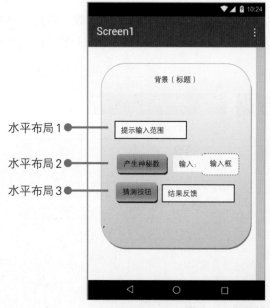

图 7-2　界面设计

3. 组件规划

根据程序交互和实现的需要，在用户界面中，需要标签、文本输入框和按钮来执行程序。具体的用户界面组件如表 7-1 所示。

表 7-1　**"用户界面"组件列表**

组件类型	名称	作用
Ａ 标签	提示语标签	显示提示区域
Ａ 标签	提示输入标签	显示输入区域
Ａ 标签	反馈标签	显示反馈
Ｉ 文本输入框	猜测数输入框	输入用户猜想的数字
按钮	随机数按钮	产生指定范围的随机数
按钮	猜一猜按钮	执行程序

算法设计

1. 执行顺序

　　程序运行后，先产生随机数，用户再输入猜测数，最后点击"猜一猜"按钮产生结果并在反馈区反馈。执行步骤如图 7-3 所示。

图 7-3　执行步骤

2. 算法与流程

　　通过前面的分析可知，"猜一猜"按钮是程序的主控按钮，算法流程图如图 7-4 所示。

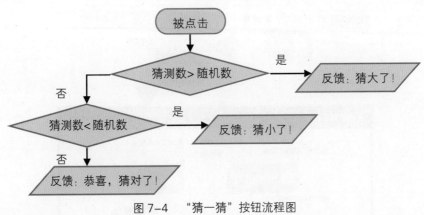

图 7-4　"猜一猜"按钮流程图

技术要点

1. 产生随机数

　　在本案例中有一个神秘数，这个神秘数的产生就是随机数。在 App Inventor 软件中，内置模块"数学"中的"随机数"可以产生 2 种类型的随机数: 小数和整数。

- ♡ **产生随机小数** 随机小数 该代码块返回 0~1 之间的小数, 如返回的数值可能是 0.625452。

- ♡ **产生随机整数** 从 1 到 100 之间的随机整数 该代码块返回指定 2 个值之间 (包括这 2 个值) 的整数, 如要随机产生整数 0 或 1, 只需将 2 个参数修改为 0 和 1。

2. 定义变量

程序中运行产生的数据常常需要使用"容器"存储, 这种用来存储数字和字符串的容器就是变量。变量在使用前要先定义, 根据变量作用范围的不同, 将变量分为"全局变量"和"局部变量"。

- ♡ **全局变量** 全局变量可以在程序中的任何地方定义, 定义后可以在程序中的任何地方使用。

- ♡ **局部变量** 与全局变量不同, 局部变量在特定的代码块中定义后, 只能在定义的代码块中使用。

编写程序

1. 设置组件

规划好程序后, 要先添加组件, 并设置组件属性。本例需要设置背景、添加标签、输入文本框、按钮等组件。

01 新建项目 新建 App Inventor 项目, 命名为 CaiDaXiao。

02 设置背景和标题 按照 7-5 所示操作, 上传 beijing.jpg 图片素材, 并将其设置为屏幕背景, 修改屏幕标题为"猜大小"。

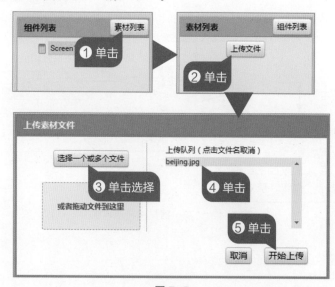

图 7-5

03 设置水平布局 1　拖动 "界面布局" 中的 "水平布局" 组件到工作面板，按图 7-6 所示操作，设置 "水平布局 1" 组件属性。

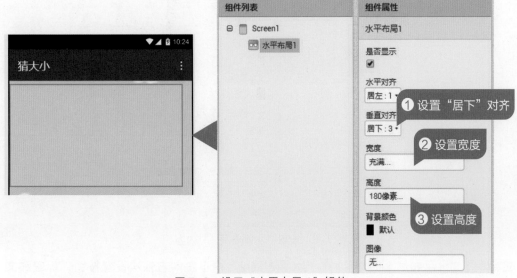

图 7-6　设置 "水平布局 1" 组件

04 设置其他水平布局　继续拖动 2 次 "水平布局" 组件到工作面板，设置宽度均为 "充满"，高度均为 50 像素，设置后的作品效果如图 7-7 所示。

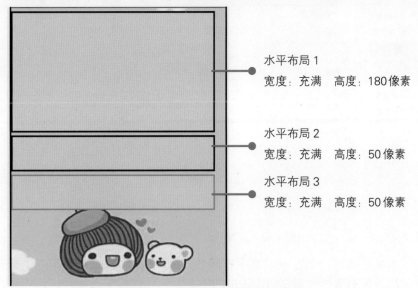

图 7-7　"水平布局" 组件布局效果

提示　"水平布局" 在工作面板中的屏幕上有边框显示，但在手机屏幕预览时，没有任何显示。

05 设置"水平布局 1"内容 在"水平布局 1"中设置 1 个提示标签，文本为"提示：请输入 1—10 之间的整数"，标签名称及其他属性如图 7-8 所示。

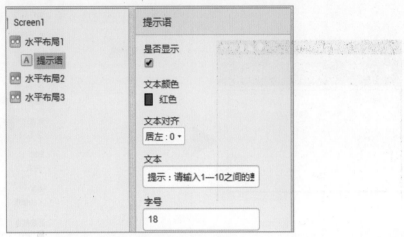

图 7-8 设置"水平布局 1"内容

06 设置"水平布局 2"内容 在"水平布局 2"中自左向右依次设置按钮、标签和文本输入框组件，设置"猜测数"文本框背景色为粉色，其他组件名称及部分属性如图 7-9 所示。

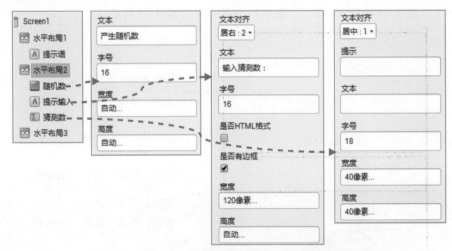

图 7-9 设置"水平布局 2"内容

07 设置"水平布局 3"内容 在"水平布局 3"中设置 1 个按钮组件和 1 个标签组件，组件名称及部分属性如图 7-10 所示。

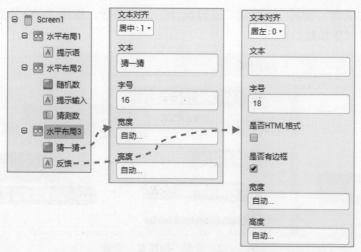

图 7-10 设置"水平布局 3"内容

> **试试** 尝试修改不同的字号和宽度，连接到手机屏幕进行预览，看看提示语在文本框中的显示效果。

08 完善组件 保存项目，连接手机，预览效果，再根据预览情况，修改各组件属性，完善布局，组件设计效果如图 7-11 所示。

图 7-11 组件设计效果

2. 逻辑设计

添加并设置好组件属性后，根据算法对组件进行逻辑设计，即对组件设置程序，完成规划功能。

01 设置"随机数"变量 切换到"逻辑设计"工作面板，按图 7-12 所示操作，设置全局变量"随机数"。

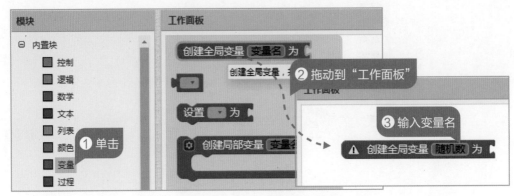

图 7-12　设置"随机数"变量

02 设置变量初始值 按图 7-13 所示操作，将"随机数"变量的初始值设置为 0。

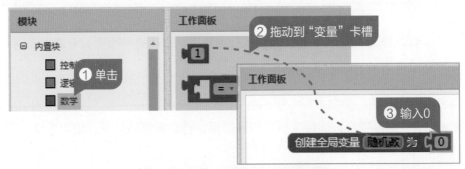

图 7-13　设置"随机数"变量初始值

03 完成变量设置 按图 7-14 所示操作，设置全局变量"猜测数"，并将初始值设置为 0。

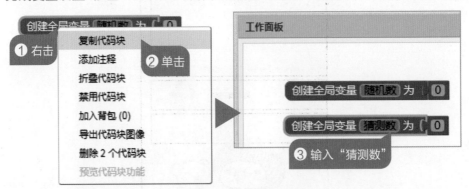

图 7-14　完成变量设置

04 设置逻辑判断框架 按图 7-15 所示操作，完成逻辑判断框架的搭建。

05 设置"猜一猜"代码 在模块区选择"文本""数学""变量""猜一猜"和"反馈"模块中的相应代码块，完成代码设计，效果如图 7-16 所示。

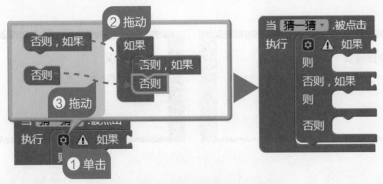

图 7-15　完成逻辑判断框架搭建

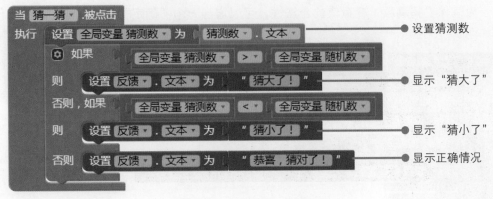

图 7-16　"猜一猜"按钮代码

06 设置"产生随机数"代码　在模块区选择"文本""数学""变量"和"反馈"模块中的相应代码块，完成"随机数"被点击的代码设计，效果如图 7-17 所示。

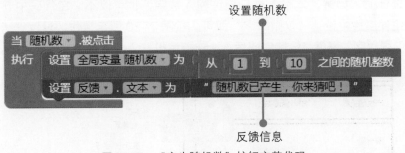

图 7-17　"产生随机数"按钮完整代码

07 测试程序　在计算机中运行"AI 伴侣"，输入代码连接后，测试程序并保存项目。

🔅 拓展延伸

1. 程序改进

　　当输入框没有输入数字或输入的是字母时，会出现如图 7-18 所示的"不能使用参数"的错误提示。

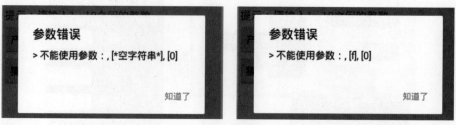

图 7-18　错误提示

错误产生的原因是输入文本框后，点击"猜一猜"按钮时，只是将文本赋值给"猜测数"变量，没有对文本内容进行合法性判断。

为确保"猜测数"变量值的合法性，可以增加一个"确定"按钮组件，其参考代码如图 7-19 所示。

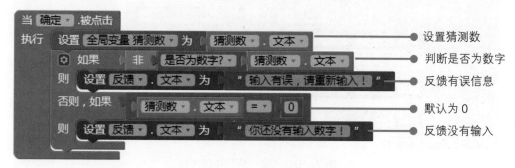

图 7-19　添加"确定"按钮代码

2. 文本框仅限数字

程序设计时，如果文本输入框只允许输入数字，也可以不必在代码中判断，只要在文本框组件属性中设置"仅限数字"即可。按图 7-20 所示操作，设置"猜测数"文本框的"仅限数字"属性。设置完成后，请连接手机，尝试输入字母等字符，体验效果。

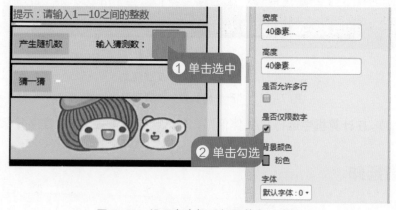

图 7-20　设置文本框"仅限数字"属性

扫一扫，看视频

第 8 课　鸡兔同笼求解决

鸡兔同笼问题你听说过吧？它记载于《孙子算经》，是我国古代著名典型趣题之一。问题是这样描述的：今有雉兔同笼，上有三十五头，下有九十四足，问雉兔各几何？ 意思是：有一些鸡和兔同在一个笼子里，从上面数，有 35 个头，从下面数，有 94 只脚，问笼中各有多少只鸡和兔？你知道这个问题怎么求解吗？

通过本课的学习，我们将认识全局变量和局部变量以及数学运算 (如取整) 等知识。

体验中心

1. 程序体验

使用"AI 伴侣"软件运行"鸡兔同笼"程序，效果如图 8-1 所示。先分别输入"头数"和"脚数"，再点击"开始计算"按钮，查看结果，并验算一下是否正确。最后尝试输入不同的"头数"和"脚数"，看看计算结果如何，并想一想计算结果能不能出现小数。

图 8-1　作品效果

63

2. 问题思考

问题 1：鸡兔同笼问题中，已知量和未知量各是什么？

问题 2：程序设计时需要几个变量？

问题 3：你用过什么方法来求这个问题？

程序规划

1. 功能规划

程序输入 2 个数值，即"头数"与"脚数"，再执行计算，输出结果。这个问题可以转化为一个一元一次方程 (或一元一次方程组) 来求解。理论上只要给定"头数"和"脚数"这 2 个值，就有对应的"兔数"和"鸡数"，但是这 2 个值必须是正整数才是正确的解。所以在设计算法时，还要保证输出的结果必须是整数。

2. 界面规划

要求解"鸡兔同笼"问题，先要输入 2 个值，所以界面中要有 2 个文本输入框。另外还要有执行计算的按钮和显示结果的区域。仿照图 8-2 所示，画出界面结构草图。

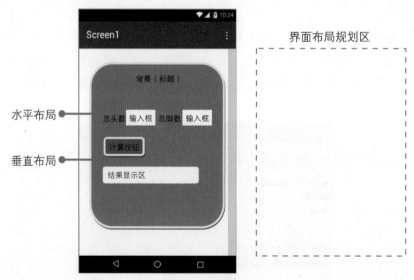

图 8-2　界面设计

3. 组件规划

根据程序解决问题的需要，在用户界面中，需要文本输入框、按钮等组件执行相应的功能。具体的用户界面组件如表 8-1 所示。

表 8-1 **"用户界面"组件列表**

组件类型	名称	作用
Ⅰ 文本输入框	"头数"输入框	输入鸡兔总数
Ⅰ 文本输入框	"脚数"输入框	输入鸡脚和兔脚总数
▣ 按钮	计算按钮	执行程序计算功能
Ⓐ 标签	结果标签	显示计算结果
Ⓐ 标签	提示头数	显示"共有头数"
Ⓐ 标签	提示脚数	显示"共有脚数"

算法设计

1. 执行顺序

程序运行时，先分别输入"总头数"和"总脚数"，再点击"计算"按钮，最后程序显示结果。执行步骤如图 8-3 所示。

图 8-3　执行步骤

2. 算法与流程

通过前面的分析可知，"计算"按钮是程序的主控按钮，算法流程图如图 8-4 所示。请根据流程图的提示，在空白处填写所需的组件或算法。

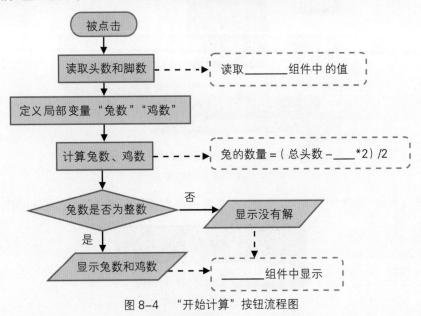

图 8-4　"开始计算"按钮流程图

🔆 技术要点

1. 判断整数

当利用方程来求解"鸡兔同笼"问题时，不管给出什么样的"总头数"和"总脚数"，都能求出鸡兔各自的值，当然也会出现小数。这显然不适合实际情况，所以在程序计算出"兔数"时，要判断结果是否为整数。

在 App Inventor 中，没有判断数值是否为整数的函数，但可以通过"上取整"和"下取整"函数来判断。一个整数"上取整"和"下取整"的值均为本身。

- ♡ **向上取整** `上取整▾` 该代码块将输入项取整为不小于自己的最小数值。例如，小数 1.47"上取整"后其值为 2。
- ♡ **向下取整** `下取整▾` 该代码块将输入项取整为不大于自己的最大数值。例如，小数 1.47"下取整"后其值为 1。

2. 使用局部变量

和全局变量的定义和使用方法不同，局部变量是在特定的代码块中定义和使用，程序在执行特定的代码后，局部变量的值将会回收，不能再次引用。在定义和使用局部变量时，可以同时定义多个作用范围相同的局部变量，如本案例中的"鸡数"和"兔数"。定义作用范围相同的局部变量的方法如下。

01 定义首个局部变量 在"逻辑设计"工作面板中，将"变量"模块中的"创建变量……"代码拖动到工作面板，并命名为"鸡数"。

02 添加局部变量 按图 8-5 所示操作，添加默认名 x 的局部变量。

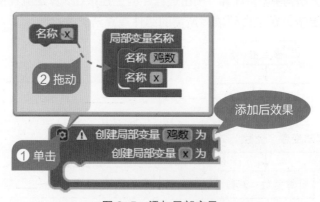

图 8-5 添加局部变量

03 修改变量名 修改变量 x 为"兔数"，并设置各自的初始值为 0，效果如图 8-6 所示。

图 8-6 局部变量效果

💡 编写程序

1. 设置组件

本案例需要添加事先准备的背景，再进行水平布局和垂直布局，最后添加标签、输入文本框、按钮等组件。

01 新建项目 新建 App Inventor 项目，命名为 JiTuTongLong，并修改标题为"鸡兔同笼"。

02 设置背景和标题 上传 JiTuTongLong.png 图片素材，并将其设置为屏幕背景。

03 设置水平布局1 拖动"界面布局"中的"水平布局"组件到工作面板，设置"垂直对齐"为"居下"，"高度"为130像素，"宽度"为"充满"。

04 设置垂直布局1 拖动"垂直布局"组件到"水平布局1"组件的下面，设置垂直对齐为"居上"，宽度为"充满"，高度为100像素，设置后的作品效果如图8-7所示。

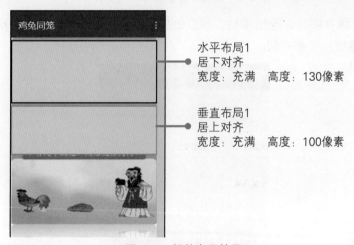

图8-7 组件布局效果

05 设置"水平布局1"内容 在"水平布局1"中设置2个标签和2个文本输入框，组件名称及属性如图8-8所示，其他属性默认。

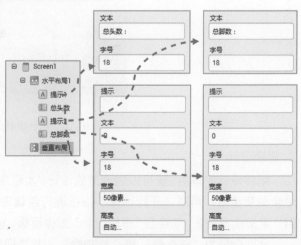

图8-8 设置"水平布局1"内容

06 设置"垂直布局 1"内容 在"垂直布局 1"中设置 1 个按钮和标签，组件名称及属性如图 8-9 所示，其他属性默认。

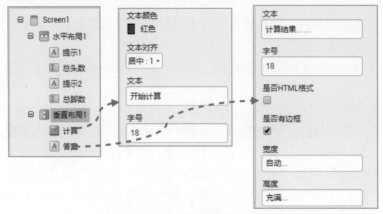

图 8-9 设置"垂直布局 1"内容

07 完善组件 保存项目，连接手机，预览效果如图 8-10 所示，再根据预览情况，修改各组件属性，完善布局。

图 8-10 组件设计效果

2. 逻辑设计

组件设计完毕后，就可以进行逻辑设计，本程序中，先定义好"总头数"和"总脚数"2个全局变量后，再对"开始计算"按钮进行逻辑设计。

01 定义全局变量 切换到"逻辑设计"工作面板，选择"变量"模块，设置 2 个全局变量，分别命名为"总头数"和"总脚数"，并将初始值设置为 0，效果如图 8-11 所示。

图 8-11　设置全局变量

02 设置按钮响应　在"模块"区选择 Screen1 下的"计算"模块，按图 8-12 所示操作，设置"计算"按钮组件的响应方式。

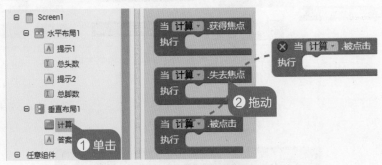

图 8-12　设置按钮响应

03 设置全局变量数值　分别选择"内置块"中"变量"和"Screen1"下的"总头数""总脚数"文本框，完成如图 8-13 所示的 2 个全局变量赋值。

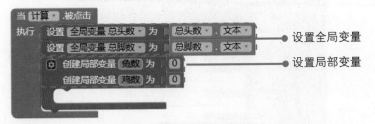

图 8-13　设置全局变量数值

04 设置局部变量　选择"变量"模块，拖动"创建局部变量"代码块至设置全局变量代码下面，并添加新的局部变量，设置初始值为 0，效果如图 8-14 所示。

图 8-14　完成变量设置

想一想　全局变量与局部变量模块样式有什么区别？全局变量名称与局部变量名称是否能重复？

05 搭建计算 "兔数" 算式 选择 "数学" 和 "变量" 模块中的代码块，完成 "兔数" 代码的设计，效果如图 8-15 所示。

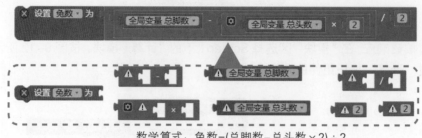

数学算式：兔数=(总脚数−总头数×2)÷2

图 8-15　搭建 "兔数" 算式

06 搭建计算 "鸡数" 算式 仿照上一步骤，完成 "鸡数" 代码的设计，效果如图 8-16 所示。

数学算式：鸡数=总头数−兔数

图 8-16　搭建 "鸡数" 算式

07 搭建判断框架 选择 "逻辑" 模块，搭建判断 "兔数" 数值合法性框架，设置代码，效果如图 8-17 所示。

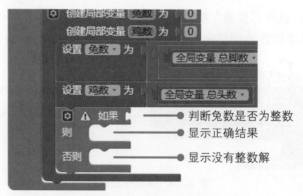

图 8-17　搭建判断框架

08 设置整数表达式 当一个数 "上取整" 等于 "下取整" 时，该数即为整数，选择 "逻辑" "数学" 和 "变量" 模块中的代码，完成整数判断的设计，效果如图 8-18 所示。

图 8-18　设置整数表达式

> 想
> 一
> 想
>
> "鸡数"与"兔数"有什么关系？能不能用"鸡数"变量来判断结果的合法性？

09 设置正确结果反馈　选择"答案"模块，设置"答案.文本"代码块，再选择"文本"模块，拖动"合并文本"代码块到"答案.文本"卡槽，按图 8-19 所示操作，完成设置。

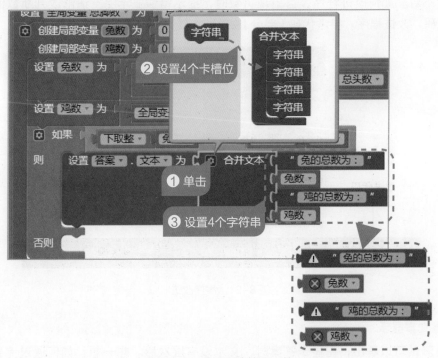

图 8-19　设置正确结果反馈

10 设置错误结果反馈　仿照上一步骤，完成错误结果的显示，效果如图 8-20 所示。

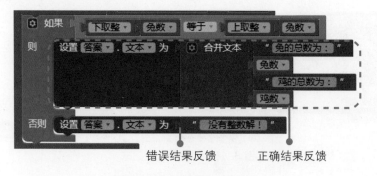

图 8-20　显示结果完整代码

11 测试程序　运行 "AI 伴侣" 软件，输入代码连接后，输入不同的 "总头数" 和 "总脚数" 进行程序测试，并保存项目。

💡拓展延伸

1. 程序改进

　　一位同学在测试程序时，输入总头数为 38，总脚数为 60，得出兔的总数为 −8，这显然不对。如何改进程序，当出现负数时，提示错误显示呢？请修改判断数值合法性的代码，改进程序。参考代码 (部分) 如图 8-21 所示。

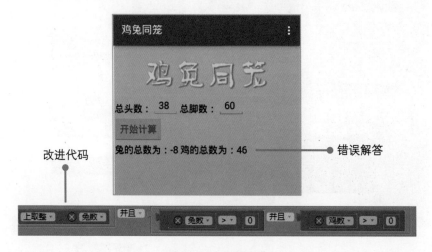

图 8-21　程序改进

2. 完善文本显示

　　由测试可以看出，在显示答案时，文本没有层次感。想一想，如何通过完善 "合并文本" 代码，改善答案的显示呢？可以增加空格、符号甚至转义字符来实现文本的格式输出。例如，在字符串前加 "\n" 可以起到换行作用，如图 8-22 所示。

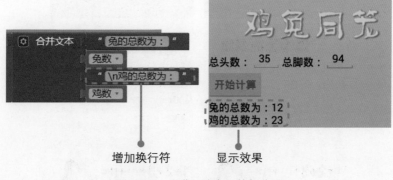

增加换行符 显示效果

图 8-22 改进"确定"按钮代码

第 9 课 最强大脑算得快

扫一扫，看视频

你听说过高斯吗？他是 19 世纪德国杰出的数学家和物理、天文学家。他 8 岁时，老师在班级布置了一道数学题：从 1 加 2 加 3 一直加到 100。本来老师是用这道题来惩罚他们的，可是不一会儿，高斯就说："我算出来了！"老师很惊讶。你知道高斯是怎么算的吗？你还知道像这样的连续整数是如何求和的吗？

体验中心

1. 程序体验

运行下载"QiuHe.apk"APP 至手机，安装并运行程序，输入"开始数"和"结束数"后，点击"求和"按钮，查看计算结果，如图 9-1 所示。

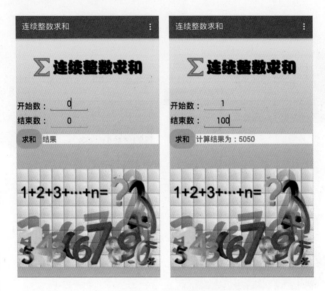

图9-1　作品效果

2. 问题思考

问题1：相邻的连续整数相差多少？

问题2：开始数与结束数大小关系是怎样的？

问题3：你是怎样计算它们的和的？

程序规划

1. 功能规划

求n个连续整数的和，先要知道开始数和结束数各是多少，程序再读取用户输入的这2个数，最后就可以根据一定的算法计算出结果。

2. 界面规划

根据前面功能的分析，界面中要有2个文本输入框，另外还要有执行计算的按钮和显示结果的区域。请思考：需要 ＿＿＿＿ 个布局、＿＿＿＿ 个标签、＿＿＿＿ 个文本框、＿＿＿＿ 个按钮，还需要 ＿＿＿＿＿＿ 组件。仿照图9-2所示，填空并在右侧规划区画出界面结构草图。

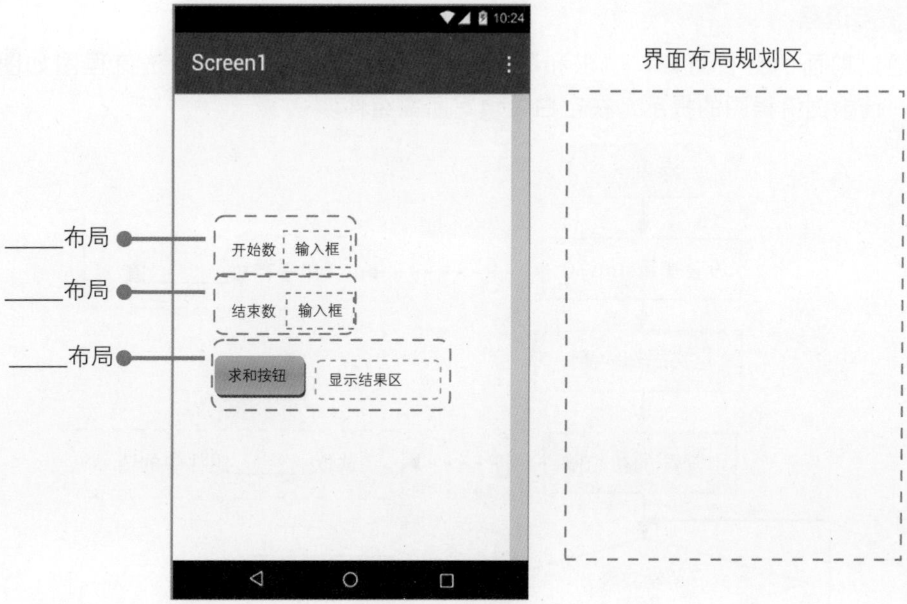

图 9-2　界面设计

3. 组件规划

根据程序解决问题的需要，在用户界面中，需要设置文本输入框、按钮、标签等组件来执行相应的功能。请根据前面的规划，在表 9-1 中完成组件规划。

表 9-1　**组件规划表**

组件类型	名称	作用
文本输入框	开始数	显示开始数提示
文本输入框		
按钮	计算按钮	执行程序计算功能
	和数	

算法设计

1. 执行顺序

程序运行时，先分别输入“开始数”和“结束数”，再点击“求和”按钮，程序即可显示结果，执行步骤如图 9-3 所示。

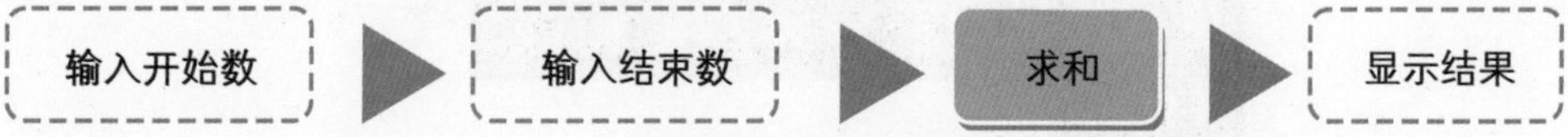

图 9-3　执行步骤

2. 算法与流程

通过前面的分析可知, "求和"按钮是程序的主控按钮, 算法流程图如图 9-4 所示, 请根据流程图的提示, 在空白处填写所需组件。

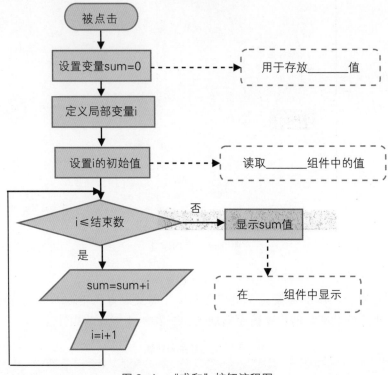

图 9-4　"求和"按钮流程图

技术要点

1. 循环结构

在计算 n 个整数的和时, 需要将 n 个指定整数循环累加到一起。在 App Inventor 程序设计中, 有 3 个可以使用的循环结构: 条件循环、逐项循环和计数循环, 如图 9-5 所示。

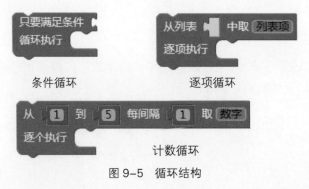

图 9-5　循环结构

♡ **条件循环** 先进行条件判断，当结果为真时，执行代码块内的操作，完成后再次进行条件判断，如果为真则再次执行；如果为假则跳出循环。

♡ **逐项循环** 针对列表中的每一项，重复执行循环块内相同的操作，执行次数即列表的项数。其中"列表项"代表的是指定列表中的每一项。

♡ **计数循环** 针对起始数到终点数，且每次增量为指定值的每一个数，都重复执行循环块内相同的操作。每重复一次，数字在原基础上增加一个指定值。如图 9-5 所示的"计数循环"共执行 5 次，最后一次执行的数字为 5。

2. 跳出循环

当程序执行循环代码块时，一般都要有退出当前循环机制，不然程序就会进入死循环。正常情况下，循环结构会根据条件判断来决定执行还是退出。有时候需要程序在达到某种条件时强行退出循环，这时就要用到"跳出循环"代码块。如图 9-6 所示的代码就是当局部变量 i 的值为 100 时，程序强行跳出循环。

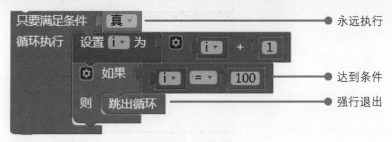

图 9-6 跳出循环

编写程序

1. 设置组件

根据前面的分析规划，本案例中，需要设置背景、水平布局、标签、文本框、按钮等组件。

01 新建项目 新建 App Inventor 项目，命名为 QiuHe，并修改标题为"连续整数求和"。

02 设置背景和标题 上传 qiuhebj.png 图片素材，并将其设置为屏幕背景。

03 设置水平布局 分别设置 3 个水平布局组件，各自属性及作品效果如图 9-7 所示，其他属性默认。

04 设置"水平布局 1"内容 在"水平布局 1"中设置 1 个标签和 1 个文本输入框，组件名称及属性如图 9-8 所示，其他属性默认。

05 设置"水平布局 2"内容 仿照上一步骤，在"水平布局 2"中设置 1 个名为"结束数提示"的标签和名为"结束数"的文本框，属性与"水平布局 1"内容相同。

06 设置"水平布局 3"内容 仿照上一步骤，在"水平布局 3"中设置 1 个按钮和 1 个标签，组件名称及属性如图 9-9 所示，其他属性默认。

07 **完善组件** 保存项目，连接手机，预览效果如图 9-10 所示，再根据预览情况，修改各组件属性，完善布局。

组件名称	水平对齐	垂直对齐	宽度	高度
水平布局 1	居左	居下	充满	180 像素
水平布局 2	居左	居中	充满	自动
水平布局 3	居左	居中	充满	自动

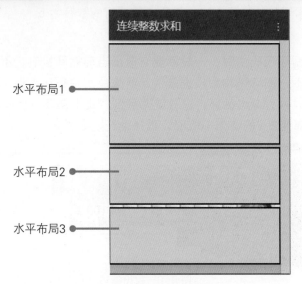

图 9-7　水平布局效果

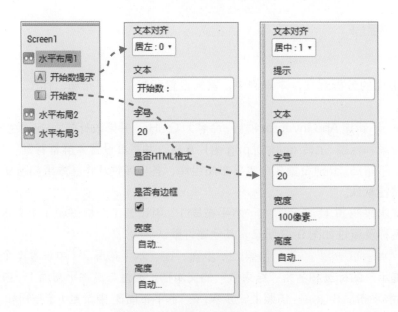

图 9-8　设置"水平布局 1"内容

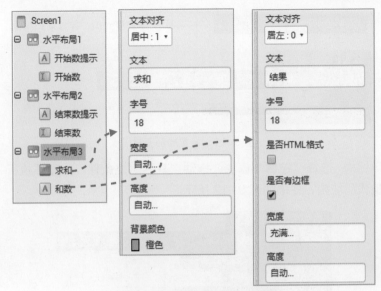

图 9-9　设置"水平布局 3"内容

图 9-10　组件设计效果

2. 逻辑设计

组件设计完毕后，就可以根据算法流程进行逻辑设计。本程序中先要定义好用于存储和数的全局变量，再对"求和"按钮进行逻辑设计。

01 定义全局变量　切换到"逻辑设计"工作面板，选择"变量"模块，设置 1 个全局变量，命名为"sum"并设置初始值为 0。

02 设置按钮响应　在"模块"区选择"Screen1"下的"求和"模块，设置"求和"按钮组件的响应方式为"当……被点击"。

03 设置局部变量　分别选择"内置块"中"变量"和"Screen1"下的"开始数"文本框，完成 1 个局部变量并赋值，完成后的代码如图 9-11 所示。

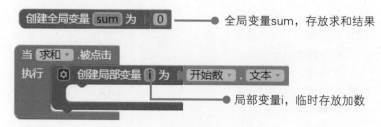

全局变量sum，存放求和结果

局部变量i，临时存放加数

图 9-11　设置局部变量

04 搭建循环结构　选择"控制"模块，拖动"只要满足条件……循环执行"代码块至局部变量代码块内，效果如图 9-12 所示。

图 9-12　搭建循环结构

05 设置循环条件　分别选择"数学""变量"和"结束数"模块中的代码块，设置循环判断条件，代码如图 9-13 所示。

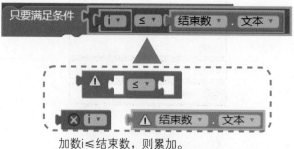

加数i≤结束数，则累加。

图 9-13　设置循环条件

06 累加求和　选择"数学"和"变量"模块中的相关代码块，完成累加求和的代码设置，代码效果如图 9-14 所示。

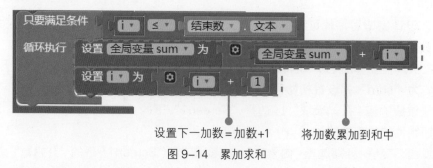

设置下一加数＝加数+1　　将加数累加到和中

图 9-14　累加求和

07 显示求和结果　选择"逻辑""文本"和"变量"模块中的代码,完成整数判断的设计,效果如图 9-15 所示。

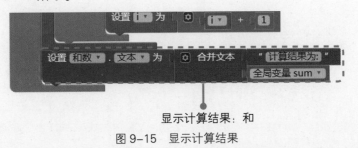

显示计算结果: 和

图 9-15　显示计算结果

提示　　显示结果的代码块能放到局部变量或循环块内吗? 试一试,放在不同位置看看是什么结果。

08 测试程序　运行"AI 伴侣"软件,输入代码连接后,输入不同的"开始数"和"结束数"进行程序测试,并保存项目。

拓展延伸

1. 程序改进

　　一位同学在测试程序时,发现输入的结束数比较大时,如 10000,计算过程有点慢。你知道为什么这个程序计算大数时有点慢吗? 原来是算法不够简洁,程序将加数设置为局部变量,每加一次,要改变加数,实际进行了 2 次加运算。如何改进程序算法,使程序算得更快呢?

　　请设置 3 个全局变量,分别存放和、开始数和结束数,利用公式"和 =(开始数 + 结束数)×(结束数 – 开始数 +1) ÷ 2"来提高求和效果,如 $1+2+3+\cdots n=(1+100)*n/2$。

2. 更换循环方式

　　在 App Inventor 中,有 3 种循环结构,本案例使用的是条件判断循环。想一想,能使用计数循环来实现连续整数的累加吗? 部分参考代码块如图 9-16 所示。

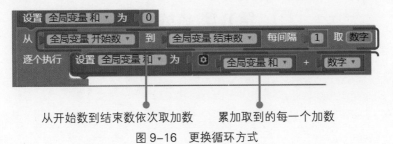

从开始数到结束数依次取加数　累加取到的每一个加数

图 9-16　更换循环方式

第 4 单元

媒体应用好帮手

随着 5G 时代的到来，智能手机的功能朝着多样化、智能化的方向发展，手机在进行简单通信的基础上，更可以实现语音、文本、音频、视频等多项功能。本单元我们将走进多媒体世界，运用 App Inventor 2 一起探讨手机多媒体应用软件的开发，感受人机交互的魅力。

本单元设计了 3 个活动来了解视频播放器、音频播放器、音效、百度语音合成等多媒体组件的应用，掌握逻辑设计中过程的定义与调用的方法，并进一步熟悉逻辑、变量、数学等模块指令的运用。

 本单元内容

第 10 课　播放我的微电影

　　皮皮是微电影制作高手，利用周末剪辑了 3 部微电影，他迫不及待地想与同学们分享。于是，他决定设计制作一个视频播放器 APP，让同学们方便、快速地进行欣赏。本课我们将通过"皮皮影院"案例来认识视频播放器组件的应用，并通过 3 个按钮的点击，实现播放、暂停与切换视频的功能。

体验中心

1. 程序体验

　　使用"AI 伴侣"软件运行"皮皮影院"程序，先点击"播放"按钮，从第一个视频开始播放；点击"停止"按钮，会暂停播放视频；点击"下一个"按钮，会从前一个视频自行切换到下一个视频；再次点击"播放"按钮，会播放切换后的视频，如此反复。程序运行后效果如图 10-1 所示。

图 10-1　作品效果

2. 问题思考

问题 1：需要哪些组件？怎样布局呢？

问题 2：播放视频需要什么组件？

问题 3：如何通过按钮控制视频的播放？

程序规划

1. 功能规划

程序首先要能播放一个视频，并能通过按钮暂停视频播放。同时，程序还要能切换视频，当视频被切换后，使用者仍能通过"播放"与"停止"按钮控制视频播放。

2. 界面规划

从功能描述中，我们可以看到要实现人与手机的交互，按钮与视频播放器是必不可少的。根据需要还可以利用标签组件，添加标题或当作空格使用。其界面效果如图 10-2 所示。

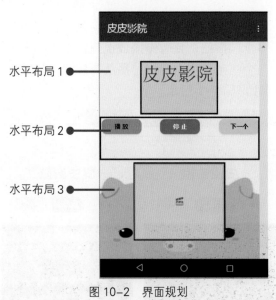

图 10-2　界面规划

♡　**画一画**　如果你是皮皮，你会如何设计程序界面呢？请画出来。

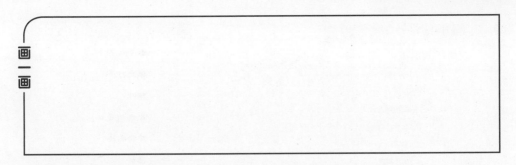

画一画

♡ **想一想**　进行界面设计时，可以利用哪些素材为程序界面增加亮点？皮皮想展示他的微电影，又有什么素材是不可或缺的呢？

3. 组件规划

根据程序交互和实现的需要，在用户界面中，需要标签来显示标题，需要按钮执行控制视频、调用视频等功能。

♡ **填一填**　表 10-1 中已经列出用户设计界面可能用到的组件，请在表格空白处填一填你将为组件命名的名称，并注明其作用。

表 10-1　**"用户界面"组件列表**

组件类型	名称	作用
水平布局	水平布局 1	用于标签组件的布局
水平布局		
水平布局		
A 标签	标题	
A 标签	空格 1	当作占位空格，方便布局
A 标签	空格 2	
按钮	播放按钮	
按钮	停止按钮	
按钮		将视频切换至下一个
视频播放器		调用视频播放器

♡ **连一连**　在屏幕上添加组件后，必须进行一定的属性设置，才能达到预期的设计效果。如图 10-3 左图中所示的组件，需要设置哪些属性，才可以对程序界面进一步修饰与美化呢？请在图中试着连一连。

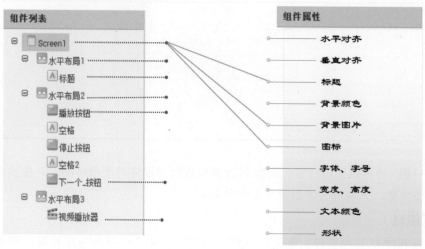

图 10-3　组件属性

💡 算法设计

通过前面的分析可知，"播放""停止""下一个" 3 个按钮是程序的主控按钮，程序算法流程图如图 10-4 所示。

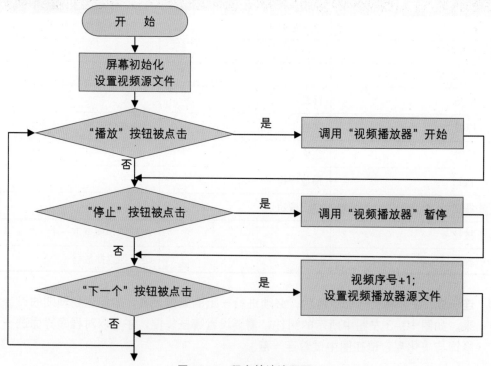

图 10-4　程序算法流程图

借助流程图可以助力程序的编写，要实现程序功能，皮皮可能用到的模块指令有哪些，请在图 10-5 中帮他选一选，并说说它们的作用。

□ 调用 视频播放器 ▼ .开始	□ 当 播放按钮 ▼ .被点击 执行
□ 调用 视频播放器 ▼ .暂停	初始化全局变量 变量名 为
□ 设置 视频播放器 ▼ . 源文件 ▼ 为	取 ▼

□ 其他：_____

图 10-5 可能用到的模块指令

技术要点

1. 定义过程与调用过程

在编程时，将经常用到的一系列代码块定义成过程，以后使用时，可以直接调用，避免重复，加快编程速度。

在本案例中，要使程序能正常播放视频，必须先调用视频的源文件。因为皮皮只做了 3 个微电影，在调用的过程中，还需判断视频序号是否大于 3 的情况。也就是说，需要加一个判断语句后，才开始调用 MP4 格式的视频源文件，这不是一行代码可以解决的问题。此时，我们可以定义一个过程，名称为"设置视频源文件"，如图 10-6 所示。

定义过程 设置视频源文件
执行语句

图 10-6 定义过程

这样无论是在屏幕初始化时，还是在点击"下一个"按钮切换视频时，只需直接调用  过程即可，不用再重复罗列相同代码了。

2. 过程的命名

在定义新的过程块时，App Inventor 会自动赋予过程一个独有的名称，单击该名称可进行修改。

应用中的过程名必须是独一无二的，一个应用中不能存在 2 个相同的过程名。

编写程序

1. 设置组件

规划好程序后，要先添加组件，并设置组件属性。本案例需要设置背景、修改标题、设置按钮宽度等。

01 新建项目 运行 App Inventor 软件，新建一个项目，将名称改为 ShiPin。

02 添加组件 拖动"组件布局"中的相关组件到工作面板，完成界面的初步布局，并重命名各组件名称，效果如图 10-3 左图所示。

03 **上传素材** 上传背景图片、图标图片及 3 个 MP4 视频文件等相关素材至项目中，上传后的效果如图 10-7 所示。

图 10-7　上传素材

04 **设置背景和标题** 在"组件列表"窗口中，选中"Screen1"，设置背景图片为"pigback.jpg"，图标为"pig.jpg"，修改屏幕标题为"皮皮影院"。

05 **设置水平布局组件** 在"组件列表"窗口中，分别选中"水平布局 1""水平布局 2"组件，设置"水平对齐"为"居中：3"，"垂直对齐"为"居上：1"，高度分别为 100 像素、80 像素。

06 **设置标题标签** 选中"标题"标签，在"组件属性"面板中，修改其字号为 40，文本为"皮皮影院"，颜色为蓝色，设置后的屏幕效果如图 10-8 所示。

图 10-8　设置标题标签

07 **设置其他标签** 使用相同的方法，修改"空格 1"标签、"空格 2"标签宽度为 20 像素，文本为空。

08 **设置按钮** 分别选中 3 个按钮，修改其背景颜色为"粉色""蓝色""黄色"，宽度为 80 像素，文本为"播放""停止""下一个"，修改后的效果如图 10-2 所示。

09 **完善组件** 保存项目，连接手机，预览效果，再根据预览情况，修改各组件属性，完善布局。

2.逻辑设计

添加并设置好组件属性后，根据算法对组件进行逻辑设计，即对组件设置程序，完成规划功能。

01 设置"视频序号"变量 切换到"逻辑设计"工作面板，设置全局变量"视频序号"初始值为1，如图10-9所示。

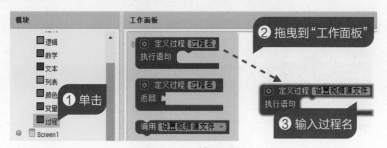

图10-9 设置"视频序号"变量

02 定义过程 按图10-10所示操作，定义"设置视频源文件"过程。

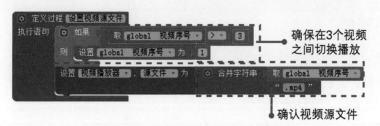

图10-10 定义过程

03 完成"过程"代码设计 按图10-11所示操作，完成过程的代码设计。

图10-11 完成"过程"代码设计

> 想
> 一
> 想
>
> 上面的模块顺序可以调换吗？
> 视频文件的主文件名是否必须与视频序号相同？

04 屏幕初始化代码设计 完成"Screen1"组件代码的设计，效果如图10-12所示。

图10-12 屏幕初始化代码

05 设置"播放"按钮代码 完成"播放"按钮代码的设计，效果如图 10-13 所示。

图 10-13 "播放"按钮代码

06 设置"停止"按钮代码 设置"停止"按钮代码，效果如图 10-14 所示。

图 10-14 "停止"按钮代码

07 设置"下一个"按钮代码 完成"下一个"按钮代码的设计，效果如图 10-15 所示。

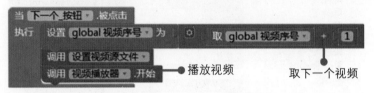

图 10-15 "下一个"按钮代码

08 测试程序 运行"AI 伴侣"软件，输入代码连接后，测试程序并保存项目。

💡 拓展延伸

1. 实践体验

根据教程，自己动手实践一遍，先学会模仿，从设计开发、模拟运行到程序安装包下载安装到手机，感受整个过程。

2. 展示分享

邀请朋友或家人一起玩"皮皮影院"应用，然后与他们一起讨论以下几个问题，并记录下来。

(1) 你最得意之处是什么？

_____

_____

(2) 在制作过程中，你遇到了什么问题？为什么会造成这种情况？你是如何解决的？

_____

_____

3. 创意设计

在完成模仿开发后，适当做些改变和探索，比如，控制手机横屏时转动画面，或给 APP 换一个自己喜欢的图标，可以播放自己录制的视频等。

你希望你们的播放器具有什么样的功能呢？开始你的设计之旅吧！

第 11 课 | 练练你的小耳朵

扫一扫，看视频

点点准备学习钢琴，但她对音高总是听不太准。于是，她决定向哥哥皮皮学习，自己动手，设计制作一个可以练习听音能力的 APP。本课我们将通过"听音练耳"案例来认识音频播放器组件的应用，并通过 7 个琴键按钮的设计，进一步熟悉按钮的功能。

💡 体验中心

1. 程序体验

使用"AI 伴侣"软件运行"听音练耳"程序，先点击"听音"按钮，程序会随机播放 Do、Ra、Mi、Fa、Sa、La、Si 7 个音节中的任意一个。此时，"听音"按钮变为无效按钮，你可以从 7 个琴键中选择你认为正确的音节，当按下琴键按钮后，文本框内会记录你的选择，同时会出现你的选择正确与否的提示，如图 11-1 所示。

图 11-1　作品效果

2. 问题思考

问题 1：需要哪些组件？怎样布局呢？

问题 2：播放钢琴声音需要什么组件？

问题 3：如何判定选择的声音就是听到的声音？

程序规划

1. 功能规划

　　程序首先要能播放声音，并且能随机播放声音。同时，程序还要能够通过按钮进行选择，并形成互动，将随机播放的音与选择的音进行对比。如果相同，说明听音能力棒棒哒；如果听错了，程序也会给出"听错了"的提示。

2. 界面规划

　　从功能描述中，我们可以看到要实现人与手机的交互，按钮与音频播放器是必不可少的。根据需要，还可以利用标签组件，添加标题或提示语。要完成如图 11-2 所示的界面效果，需要哪些布局组件呢？

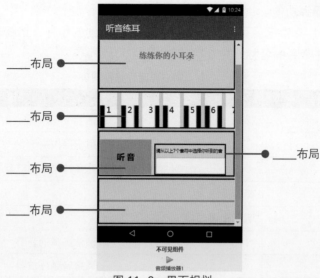

_____ 布局

_____ 布局

_____ 布局

_____ 布局

_____ 布局

图 11-2　界面规划

♡　**画一画**　如果你是点点，你会如何设计程序界面呢？请画出来。

画
一
画

♡　**填一填**　进行界面设计时，可以利用哪些素材为程序界面增加亮点？程序需要随机
　　　播放 Do、Ra、Mi、Fa、Sa、La、Si 的钢琴声，还有什么素材是不可或缺的？在
　　　图 11-3 中填一填。

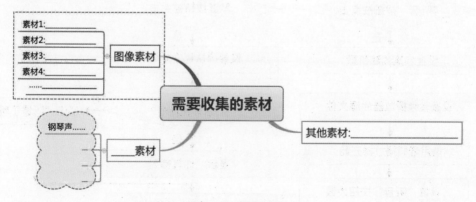

图 11-3　素材收集

3. 组件规划

根据程序交互和实现的需要，在用户界面中，需要标签来实现输入标题、提示语，

需要按钮执行选择等功能。

♡ **填一填**　表 11–1 中已经列出用户设计界面可能用到的组件，请在表格空白处填一填你将为组件命名的名称，并注明其作用。

表 11–1　"用户界面"组件列表

组件类型	名称	作用
Ａ 标签	标题	
Ａ 标签		用于操作提示
Ａ 标签		选择结果正确与否的提示
▣ 按钮	琴键按钮	
▣ 按钮	听音按钮	
Ｉ 文本输入框		确认选择的音节
▤ 音频播放器		调用音频播放器

♡ **想一想**　在屏幕上添加组件后，必须进行一定的属性设置，才能达到预期的设计效果。如图 11–3 所示组件，需要设置哪些属性，才可以对程序界面进一步修饰与美化呢？

💡 算法设计

通过前面的分析可知，"听音""琴键"按钮是程序的主控按钮，程序算法流程图如图 11–4 所示。

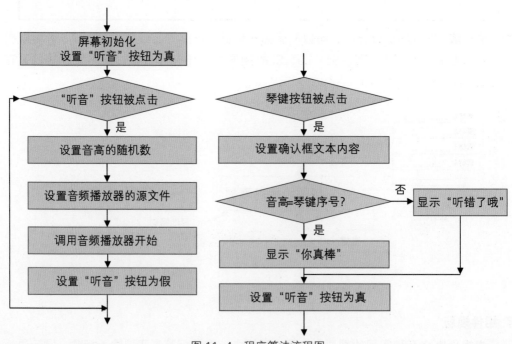

图 11–4　程序算法流程图

编写程序

1. 设置组件

规划好程序后，要先添加组件，并设置组件属性。本例需要设置背景、修改标题、设置按钮宽度、高度及背景图片等。

01 **新建项目** 运行 App Inventor 软件，新建一个项目，将名称改为 Listen。

02 **上传素材** 上传背景图片、图标图片及 7 个 MP3 音频文件、琴键按钮背景图片等相关素材至项目中，上传后的效果如图 11-5 所示。

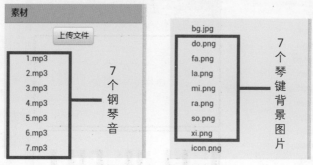

图 11-5　上传素材

03 **设置背景和标题** 在"组件列表"窗口中，选中"Screen1"，设置背景图片为"bg.jpg"，图标为"icon.jpg"，修改屏幕标题为"听音练耳"。

04 **添加水平布局** 拖动 4 次"水平布局"组件到工作面板，设置宽度为"充满"，对齐方式及高度，如图 11-6 所示。

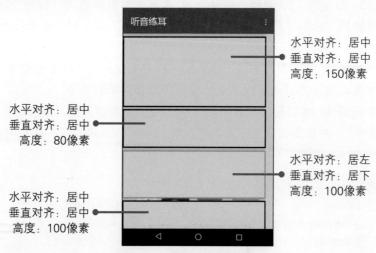

图 11-6　添加其他水平布局

05 **添加标题标签** 拖动"用户界面"中的"标签"组件到工作面板上的"水平布局 1"中，将组件名称重命名为"标题"，并设置其属性：文本为"练练你的小耳朵"，字体颜色为灰色，大小为 20，字体为"monospace 3"。

06 添加琴键按钮组件 拖动 7 次 "用户界面"中的"按钮"组件到工作面板上的"水平布局 2"中，将组件名称分别重命名为"琴键 1""琴键 2""琴键 3""琴键 4""琴键 5""琴键 6""琴键 7"，如图 11-7 左图所示。

07 设置琴键按钮属性 分别选择 7 个琴键按钮，在属性面板中，将其宽度设置为 40 像素，高度为 80 像素，文本对齐方式为"居中"，字号为 20，文本分别为"1""2""3""4""5""6""7"，背景图片分别为"do.png""ra.png""mi.png""fa.png""so.png""la.png""xi.png"，设置后的效果如图 11-7 右图所示。

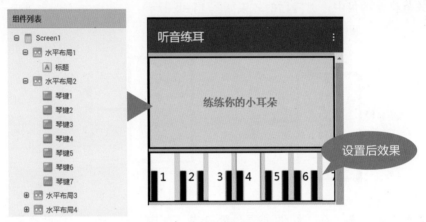

图 11-7 设置琴键按钮属性

08 添加听音按钮 使用相同的方法，添加按钮组件至工作面板上的"水平布局 3"中，修改名称为"听音按钮"，并将其属性修改为：对齐为"居中"，文本为"听音"，字号为 20，宽度为 120 像素，高度为 80 像素，背景颜色为"粉色"。

09 添加垂直布局 拖动 "界面布局"中的"垂直布局"组件到工作面板上的"水平布局 3"中。

10 添加提示语标签 在"垂直布局"中添加"标签"按钮，修改其名称为"提示语"，并设置其文本属性为"请从以上 7 个音符中选择你听到的音"。

11 添加文本框组件 继续在"垂直布局"中添加"文本输入框"组件，将名称重命名为"确认框"。并设置其属性：文本对齐为"居中"，文本为"你听到的音是……"，效果如图 11-8 所示。

图 11-8 水平布局 3 效果

12 添加结果提示标签 添加"标签"按钮至工作面板上的"水平布局 4"中，修改名称为"结果提示"。修改其属性为：文本颜色为"红色"，文本对齐为"居中"，字号为 20，宽度为 350 像素。

13 添加音频播放器 拖动组件面板中"多媒体"的"音频播放器 1"组件到工作面板，所有组件添加后的效果如图 11-9 所示。

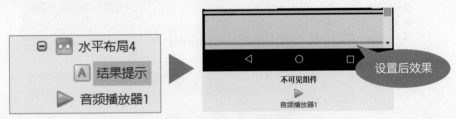

图 11-9　添加音频播放器

14 完善组件 保存项目，连接手机，预览效果，再根据预览情况，修改各组件属性，完善布局。

2. 逻辑设计

添加并设置好组件属性后，根据算法对组件进行逻辑设计，即对组件设置程序，完成规划功能。

01 设置"音高"变量 切换到"逻辑设计"工作面板，设置全局变量"音高"，并将其初始值设置为 1，效果如图 11-10 所示。

图 11-10　设置"音高"变量

02 屏幕初始化代码设计 完成"Screen1"组件代码的设计，效果如图 11-11 所示。

```
当 Screen1 . 初始化
执行    设置 听音_按钮 . 是否启用 . 为   真
```

图 11-11　屏幕初始化代码设计

> **想一想**　按钮的"是否启用"属性对按钮起什么作用？

03 取随机整数 按图 11-12 所示操作，将"音高"变量设置为 1~7 之间的随机整数。

04 设置音频源文件 设置音频源文件，完成"听音"按钮代码的设计，效果如图 11-13 所示。

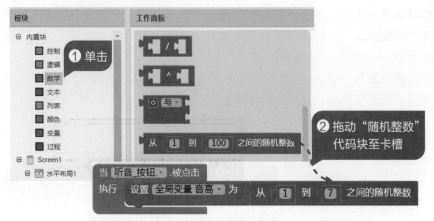

图 11-12　取随机整数

图 11-13　设置音频源文件

05 完成听音按钮代码设计　在模块面板中选中"音频播放器"，拖动"调用音频播放器开始"模块至工作面板，效果如图 11-14 所示。

图 11-14　完成"听音"按钮代码设计

06 设置"琴键 1"按钮代码　完成"琴键 1"按钮代码的设计，效果如图 11-15 所示。

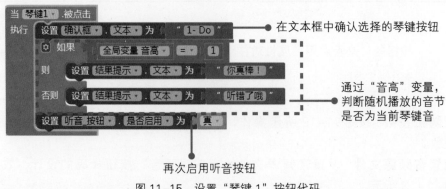

图 11-15　设置"琴键 1"按钮代码

07 **完成其他琴键按钮代码** 用相同的方法，按图 11-16 所给的提示，完成其他琴键按钮代码的设计。

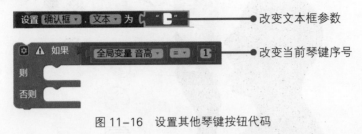

图 11-16　设置其他琴键按钮代码

想一想
以上 2 个参数是否必须更改？更改时需要注意什么？

08 **测试程序** 运行"AI 伴侣"软件，输入代码连接后，测试程序并保存项目。

拓展延伸

1. 实践体验

　　根据教程，自己动手实践一遍，先学会模仿，从设计开发、模拟运行到程序安装包下载安装到手机，感受整个过程。

2. 创意设计

　　在完成模仿开发后，适当做些改变和探索，比如，在按下琴键时，当前按键的声音也能播放出来。

　　你希望你们的听音练耳 APP 还具有什么样的功能呢？开始你的设计之旅吧！

第 12 课　语音识别巧学习

扫一扫，看视频

　　西西在学习过程中，经常会遇到不会读的单词或句子，如果有一款小工具，只要告诉它想学习的内容，它就会自动将该内容读出来，还可以录下自己的声音进行跟读对比。这样的语言学习小工具，对于西西来说太需要啦！于是，他决定自己动手，设计制作一个可以练习读音的 APP。本课将通过"语言学习小工具"案例来认识百度语音合成、录音机应用，并进一步熟悉音频播放器组件的功能。

体验中心

1. 程序体验

使用"AI 伴侣"软件运行"语言学习小工具"程序,如图 12-1 所示,在文本框中输入你想跟读学习的内容 (中文、英文都可以),点击"我读你听"按钮,会将该内容自动读出来。点击"录下我的声音"按钮,开始录音,此时该按钮会呈现"停止录音"文本,点击该按钮后,结束录音。点击"听听我的声音"按钮,会播放刚刚录制的声音。

图 12-1 作品效果

2. 问题思考

问题 1:利用什么组件可以将文本转换为语音?

问题 2:如何录制自己的声音?

问题 3:如何播放自己录制的声音?

程序规划

1. 功能规划

　　该程序有 3 个功能，即将文本转换成语音、录制声音、播放录音，要实现这 3 个功能，需要通过 3 个按钮来进行控制，即点击不同的按钮后，实现不同的功能。

2. 界面规划

　　从功能描述中，我们可以看到要实现人与手机的交互，语音合成、录音机、音频播放器组件是必不可少的。要完成如图 12-2 所示的界面效果，需要哪些布局组件呢？如果你是西西，你如何设计程序界面呢？

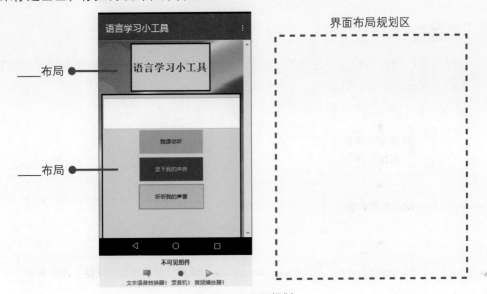

图 12-2　界面规划

3. 组件规划

　　根据程序交互和实现的需要，在用户界面中，需要标签来实现输入标题，需要文本框输入内容，需要按钮执行选择等功能。

♡　**填一填**　表 12-1 中已经列出用户设计界面可能用到的组件，请在表格空白处填一填你将为组件命名的名称，并注明其作用。

表 12-1　"用户界面"组件列表

组件类型	名称	作用
Ⓐ 标签		
Ⓘ 文本输入框		用于输入要学习发音的内容
按钮	发音按钮	
按钮	录音按钮	
按钮	播放录音按钮	

（续表）

组件类型	名称	作用
百度语音合成		将文本转换为语音
录音机		调用录音机
音频播放器		调用音频播放器

想一想 在屏幕上添加组件后，必须进行一定的属性设置，才能达到预期的设计效果。如图 12-2 所示的组件，需要设置哪些组件属性，才可以对程序界面进一步修饰与美化呢？

算法设计

通过前面的分析可知，"发音" "录音" "播放录音" 3 个按钮是程序的主控按钮，程序算法流程图如图 12-3 所示。

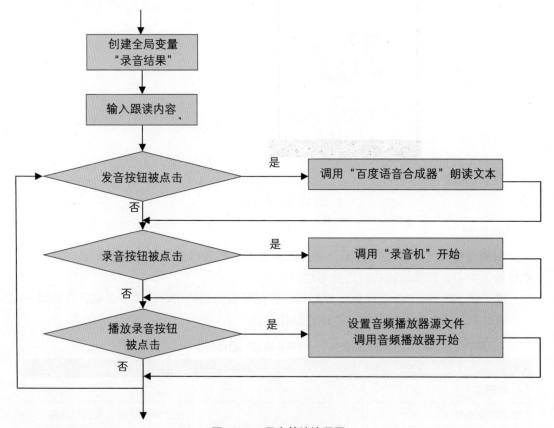

图 12-3　程序算法流程图

借助流程图可以助力程序的编写，要实现程序功能，西西可能用到的模块指令有哪些，请在图 12-4 中帮他选一选，并说说它们的作用。

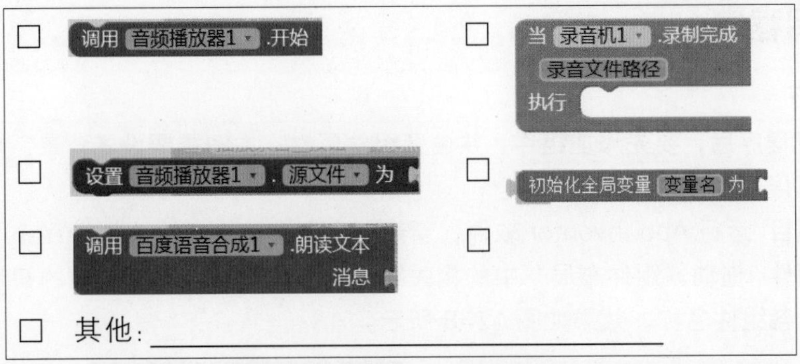

□　调用 音频播放器1 · .开始

□　当 录音机1 · .录制完成
　　　录音文件路径
　执行

□　设置 音频播放器1 · .源文件 · 为

□　初始化全局变量 变量名 为

□　调用 百度语音合成1 · .朗读文本
　　　消息

□　其他：＿＿＿＿＿＿＿＿＿＿＿

图 12-4　可能用到的模块指令

技术要点

1. 百度语音合成

App Inventor 新增了"人工智能"分类，其中的百度语音识别、合成与唤醒，给 App Inventor 应用增加了嘴巴与耳朵，它不同于"多媒体"分类中语音合成与识别组件，它不要求手机安装第三方语音识别应用与合成引擎，通用性更好。

其中"百度语音合成"组件不支持"纯离线"模式，如图 12-5 所示，首先都会尝试联网。如果选择的不是"纯在线模式"，联网超时后，则使用离线合成。应用组件时，多数都会选择"在线模式"，使用此种模式一般生成的 APK 文件较小。

图 12-5　"合成模式"属性

2. 录音机

录音机是录制音频的多媒体组件。当声音录制完成后，会自动保存声音文件到特定的目录。

在本案例中，程序初始时，需要新建一个存放录音结果的全局变量，这个变量是用于存放文件路径的，没有录音前，其初始值是一个空字符串，如图 12-6 所示。

创建全局变量 录音结果 为 " "

图 12-6　空字符串

当有了一次录音后，声音文件会自动保存。想播放录音，只要将存放录音结果的变量设置为当前文件保存的路径即可，如图 12-7 所示。

设置 全局变量 录音结果 · 为 录音文件路径 ·

图 12-7　设置变量

编写程序

1. 设置组件

规划好程序后，要先添加组件，并设置组件属性。本例需要设置背景、修改标题、设置按钮宽度、高度及背景图片等。

01 新建项目 运行 App Inventor 软件，新建一个项目，将名称改为 YuYan。

02 添加组件 拖动"组件布局"中的相关组件到工作面板，完成界面的初步布局，并重命名各组件名称，效果如图 12-8 所示。

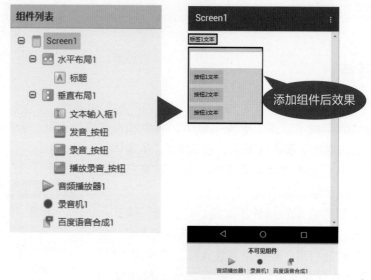

图 12-8 添加组件

03 上传素材 上传背景图片素材至项目中，上传后的效果如图 12-9 所示。

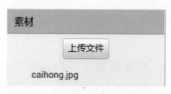

图 12-9 上传素材

04 设置组件属性 各组件属性如表 12-2 所示，根据表中的内容在组件属性面板中设置各组件属性。

表 12-2 "用户界面"组件属性

组件类型	组件属性
Screen1	应用名称：语言学习小工具；标题：语言学习小工具；水平对齐：居中；垂直对齐：居中；背景图片：caihong.jpg
水平布局	水平对齐：居中；垂直对齐：居中；高度：100 像素
垂直布局	水平对齐：居中；垂直对齐：居上；高度：350 像素

（续表）

组件类型	组件属性
🅰 标题	文本：语言学习小工具；字号：26；字体：monospace 3
⏹ 文本输入框 1	文本对齐：居中；提示：请输入你想跟读的内容…… 宽度：300 像素；高度：60 像素
⏹ 发音_按钮	文本对齐：居中；文本：我读你听 宽度：140 像素；高度：50 像素；背景颜色：橙色
⏹ 录音_按钮	文本颜色：黄色；文本对齐：居中；文本：录下我的声音 宽度：140 像素；高度：50 像素；背景颜色：蓝色
⏹ 播放录音_按钮	文本对齐：居中；文本：听听我的声音 宽度：140 像素；高度：50 像素
▣ 百度语音合成 1	不可见组件
● 录音机 1	不可见组件
🎞 音频播放器 1	不可见组件

05 完善组件　保存项目，连接手机，预览效果，再根据预览情况，修改各组件属性，完善布局。

2. 逻辑设计

添加并设置好组件属性后，根据算法对组件进行逻辑设计，即对组件设置程序，完成规划功能。

01 设置"录音结果"变量　切换到"逻辑设计"工作面板，设置全局变量"录音结果"，并将其初始值设置为空文本，如图 12-10 所示。

创建全局变量 录音结果 为 " C "　———● 录音结果初始值为空文本

图 12-10　设置"录音结果"变量

02 调用百度语音合成　如图 12-11 所示，当发音按钮被点击时，调用百度语音合成器。

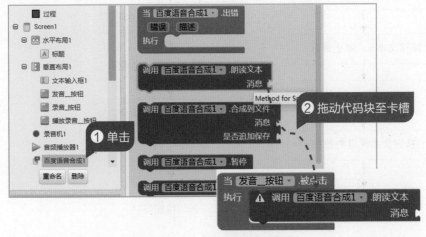

图 12-11　调用百度语音合成

03 完成"发音"按钮代码设计 如图 12-12 所示，完成"发音"按钮代码设计。

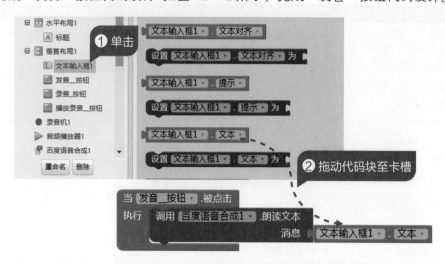

图 12-12 完成"发音"按钮代码设计

04 了解"录音"按钮算法 观察如图 12-13 所示的流程图，了解"录音"按钮代码设计的算法。

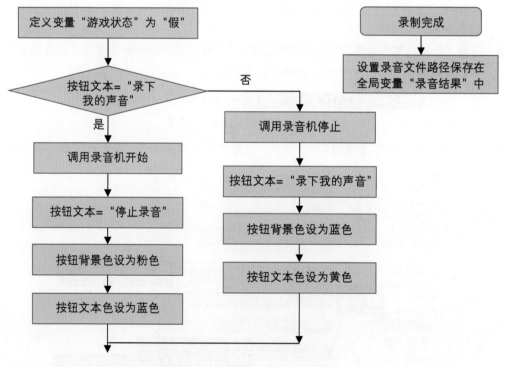

图 12-13 了解"录音"按钮算法

05 完成"录音"按钮代码 "录音"按钮代码的设计，如图 12-14 所示。

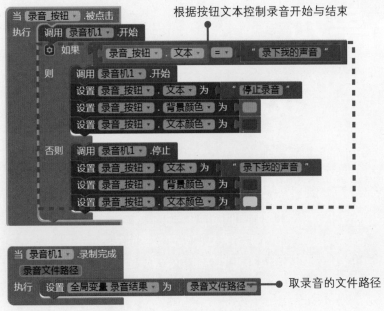

根据按钮文本控制录音开始与结束

取录音的文件路径

图 12-14　"录音"按钮代码设计

06 **完成"播放录音"按钮代码**　完成"播放录音"按钮代码的设计，效果如图 12-15 所示。

将取到的录音文件路径设置为音频源文件

图 12-15　完成"播放录音"按钮代码设计

07 **测试程序**　运行"AI 伴侣"软件，输入代码连接后，测试程序并保存项目。

拓展延伸

1. 实践体验

根据教程，自己动手实践一遍，先学会模仿，从设计开发、模拟运行到程序安装包下载安装到手机，感受整个过程。

2. 创意设计

在完成模仿开发后，适当做些改变和探索，比如，选择不同的人声进行发音，或能够根据需要选择播放录下的所有声音，或者是实现语音识别的功能，能够将我读的内容再翻译成文字显示出来……

你希望你们的语言学习小工具APP还具有什么样的功能呢？开始你的设计之旅吧！

第 5 单元

我是老师小帮手

　　我们的老师除平时日常教学的工作外，还有其他教务工作，如制作班级花名册等。能不能使用 App Inventor 为老师分担一些工作呢？当然可以，实际上 App Inventor 有很不错的表格数据处理功能，可以轻松地设计程序，让老师随时随地在手机上就可以处理花名册等工作。

　　本单元设计了 3 个活动来认识处理数据的神器——列表。在 App Inventor 中，列表可以方便地存储和处理一组数据，如班级花名册、跳绳成绩单。

 本单元内容

第 13 课　录入班级花名册

扫一扫，看视频

　　在生活中我们常用到像花名册、成绩单等类似的表格，这些表格要么打印出来使用，要么在计算机里使用。体育老师要在操场上点名，纸质表使用不太方便，也不能拿着计算机，有什么办法让老师用手机就能在操场上点名呢？下面我们就一起帮老师做一款手机花名册吧！

体育课上，老师有了手机花名册，点名更方便了！

体验中心

1. 程序体验

　　使用"AI 伴侣"软件运行"班级花名册"程序，先输入姓名再点击"添加"按钮，多添加几位学生姓名后，再尝试显示人数和花名册，如图 13-1 所示。

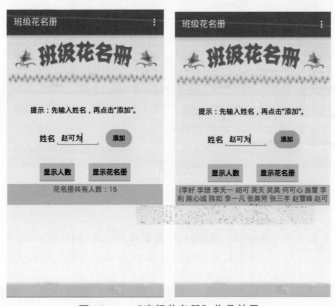

图 13-1　"班级花名册"作品效果

2. 问题思考

问题 1：花名册的主要功能是什么？

问题 2：如何存储全班同学的姓名？

问题 3：如何显示人数和花名册姓名？

程序规划

1. 功能规划

手机花名册程序功能比较简单，程序先向空白花名册中添加姓名，完成后，可以显示录入的人数和所有成员。

2. 界面规划

根据花名册的功能，界面中要有录入区域，包括输入框和"添加"按钮，同时还要有一定的按钮来执行程序的其他功能。仿照图 13-2 所示，画出界面结构草图。

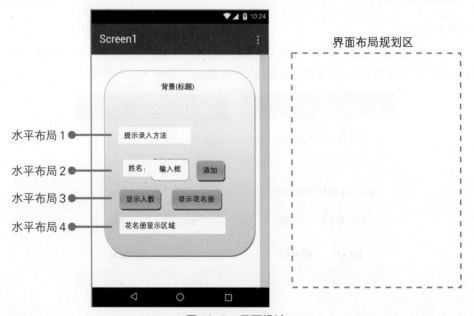

图 13-2　界面设计

3. 组件规划

根据界面规划和程序实现的需要，在用户界面中，需要标签、文本输入框、按钮组件来执行功能。请根据前面的规划，完成表 13-1 所示的组件设计。

表 13-1　**"用户界面"组件列表**

组件类型	名称	作用
Ａ 标签	提示语标签	提示操作方法
Ａ 标签	姓名提示标签	
Ａ 标签	消息反馈标签	
Ｉ 文本输入框	姓名输入框	
▭ 按钮		添加姓名
▭ 按钮		显示姓名
▭ 按钮		显示人数

算法设计

1. 执行顺序

程序运行后，录入姓名，再查询人数或显示花名册，执行步骤如图 13-3 所示。

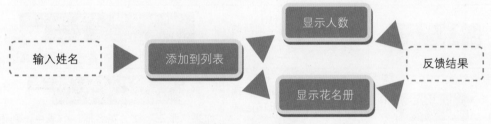

图 13-3　执行步骤

2. 算法与流程

通过前面的分析可知，程序先创建一个空列表，通过"添加"按钮实现数据的添加，"添加"按钮的算法流程图如图 13-4 所示。

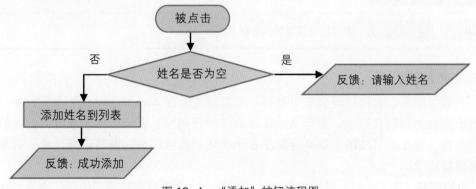

图 13-4　"添加"按钮流程图

111

💡 技术要点

1. 列表

在程序中，数据有简单和复杂之分，简单的数据只占用一个单独的存储空间，如单独一个数字、一个字符串等。但更普遍的情况是，大多数程序中会使用复杂数据，如许多姓名组成的花名册等。在 App Inventor 中，列表用来处理复杂数据，一般是由相同类型数据项构成的序列。列表的基本操作主要有创建、追加、查询、删除等。常见的列表操作代码块如表 13-2 所示。

表 13-2 常见的列表操作代码块

代码块	功能	举例
创建空列表	创建一个空列表	
创建列表	创建指定项列表	创建列表 (1,2,3)
追加列表项 列表 列表项	在指定列表末尾添加新的列表项	将"张三"添加到"花名册"列表末尾
检查列表 中是否含列表项	检查某一列表项是否在指定列表中，返回 True 或 False	如果"张三"在"花名册"列表中，则返回 True，否则返回 False
求列表长度 列表	返回列表的项数	返回"花名册"列表的项数
选择列表 第 1 项	返回指定位置的列表项	
删除列表 中第 1 项	删除指定位置的列表项	

2. 遍历列表循环

列表生成后，如何访问列表中的每一项数据呢？在 App Inventor 2 中，有专门用来遍历列表的循环代码块，配合其他读取数据的代码块，就可以依次取出列表中的每一项数据。例如，"成绩"列表存储了 5 个学生的跳绳成绩，就可以通过遍历列表循环来累加成绩。

♡ **设置循环** 从"控制"模块中拖动"从列表……中取列表项逐项执行"命令到执行按钮代码卡槽中，并拖动"成绩"列表到列表卡槽中，效果如图 13-5 所示。

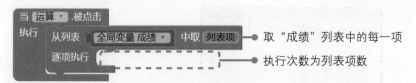

图 13-5　设置循环

♡ **累加列表项**　将读取到的每一项累加到变量"和"中，实现求和，代码如图 13-6 所示。

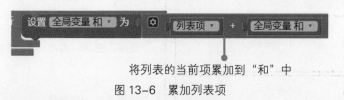

图 13-6　累加列表项

♡ **显示结果**　将循环结束后的最终变量"和"的值显示出来，完整代码如图 13-7 所示。

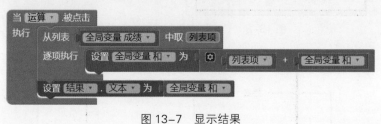

图 13-7　显示结果

📖 编写程序

1. 设置组件

完成程序算法和流程设计后，就可以根据前面的组件和界面规划，完成程序的组件设置。

01 新建项目　新建 App Inventor 项目，命名为 HuaMingCe。

02 设置背景和标题　上传 beijing.jpg 图片素材，并将其设置为屏幕背景，修改屏幕标题为"班级花名册"。

03 设置水平布局　设置 3 个"水平布局"组件，修改各个组件的名称及其属性，效果如图 13-8 所示。

04 设置"水平布局 1"内容　在"水平布局 1"中设置 1 个提示标签，文本为"请先输入姓名，再点击'添加'按钮。"，字号为 16。

05 设置"水平布局 2"内容　在"水平布局 2"中自左向右依次设置标签、文本输入框和按钮组件，其他组件名称及部分属性如图 13-9 所示。

06 设置"水平布局 3"内容　在"水平布局 3"中设置 2 个按钮组件和 1 个标签组件，组件名称及部分属性如图 13-10 所示。

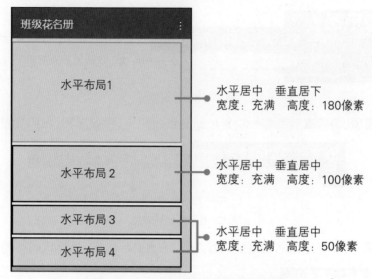

图 13-8 "水平布局"组件布局效果

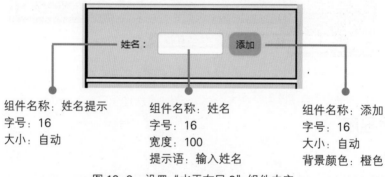

图 13-9 设置"水平布局 2"组件内容

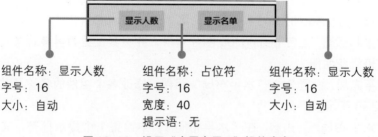

图 13-10 设置"水平布局 3"组件内容

提 示

当组件之间排列过于紧密时，可以使用无文本标签来分隔，这种没有内容的标签称为"占位符"。

07 设置"水平布局4"内容　在"水平布局4"中设置1个标签组件，组件名称为"信息显示"，文本为无，颜色为"红色"，字号为16，完成的布局效果及组件列表如图 13-11 所示。

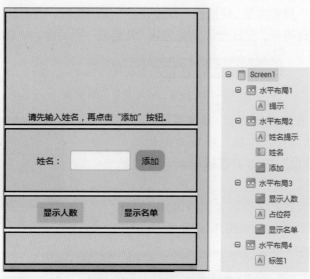

图 13-11　组件布局效果

08 完善组件　保存项目，连接手机，预览效果，再根据预览情况修改各组件属性，完善布局，作品效果如图 13-12 所示。

图 13-12　屏幕显示效果

2. 逻辑设计

完成组件设计后，就可以先定义列表变量，再根据程序算法，对功能按钮进行逻辑编程设计。

01 设置"花名册"列表变量 切换到"逻辑设计"工作面板，分别选择"变量"和"列表"模块中的代码块，完成全局变量列表"花名册"的创建，效果如图 13-13 所示。

图 13-13　设置"花名册"列表变量

02 设置"添加"按钮逻辑框架 根据算法流程，分别选择"添加""控制"模块中的代码，完成搭建"添加"按钮的逻辑框架，效果如图 13-14 所示。

03 反馈空姓名 当姓名为空时，反馈消息，条件代码块和信息反馈代码如图 13-15 所示。

图 13-14　设置"添加"按钮逻辑框架

图 13-15　反馈空姓名

04 添加列表内容 选择"列表"中的"在列表末尾增加列表项"代码块，再分别选择"变量""姓名"等模块中的组件，完成列表数据项的添加，效果如图 13-16 所示。

图 13-16　添加列表内容

05 反馈成功信息 在模块区选择"文本""信息显示"模块中的相应代码块，完成成功信息的反馈代码。完整的"添加"按钮执行代码如图 13-17 所示。

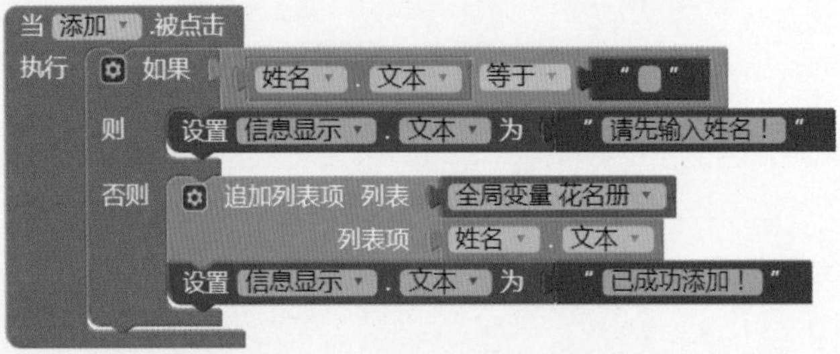

图 13-17　"添加"按钮完整代码

06 设置"显示人数"代码 在模块区选择"文本""列表""变量"和"显示人数"模块中的相应代码块，完成"显示人数"被点击的代码设计，效果如图 13-18 所示。

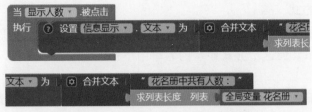

图 13-18　"显示人数"按钮完整代码

07 设置"显示名单"代码　在模块区选择"文本""列表""变量"和"显示名单"模块中的相应代码块，完成"显示名单"被点击的代码设计，效果如图 13-19 所示。

图 13-19　"显示名单"按钮完整代码

08 测试程序　计算机运行"AI 伴侣"软件，输入代码连接后，测试程序并保存项目。

拓展延伸

1. 程序改进

一位同学在测试"班级花名册"程序时，显示有 2 个相同的人名，原来他不小心在输入"张三"后，按了 2 次"添加"按钮，结果花名册中就有了 2 个"张三"，如图 13-20 所示。

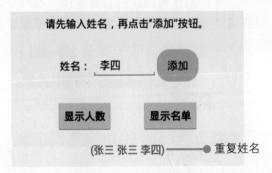

图 13-20　不合理的重名

产生这种现象的原因是"添加"按钮代码中没有判断是否重名，故需要列表代码模块中的检查代码块。可增加判断代码块的判断条件和选择分支，其参考代码如图 13-21 所示。

图 13-21　添加"添加"按钮代码

2. 改进显示列表方式

显示列表项最简单的方式就是将列表直接设置成标签文本。本程序就采取这个方式来显示班级名单，但这个方式显示的名单由小括号组成，不美观。如何让名单以行的方式显示呢？

调整"水平布局 4"为"垂直滚动条布局"，修改"显示名单"按钮代码，使名单按行方式显示，显示效果与参考代码如图 13-22 所示。

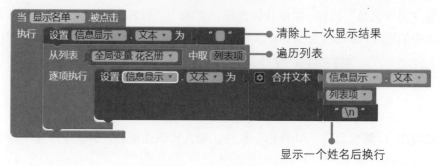

图 13-22　改进列表显示方法

扫一扫，看视频

第 14 课　制作跳绳成绩单

自从有了"花名册"APP，现在体育老师点名都用手机啦，老师上课再也用不带纸笔了。今天的体育训练内容是跳绳。糟糕了，用什么来记录学生的跳绳成绩呢？是否可以再做一个记录成绩单的 APP 呢？当然可以，我们一起努力来帮老师实现吧！

有了"跳绳成绩单"APP老师上课不用带纸笔了

体验中心

1. 程序体验

使用"AI 伴侣"软件运行"跳绳成绩单"程序，先输入姓名再点击"添加"按钮，完成成绩录入后，尝试查询学生跳绳成绩，如图 14-1 所示。

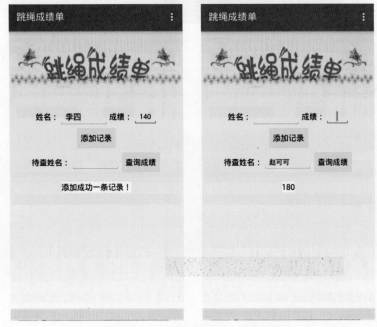

图 14-1　"跳绳成绩单"作品效果

2. 问题思考

问题 1：你喜欢跳绳吗？你每分钟能跳绳多少次？

问题 2：记录花名册和记录成绩的表格有什么不同？

问题 3：查询成绩时，以什么为依据？

程序规划

1. 功能规划

"跳绳成绩单"APP 的主要功能是记录和查询学生跳绳成绩（每分钟多少次）。首先要有录入成绩的功能，完成成绩录入后，还要根据学生姓名来查询跳绳成绩。

2. 界面规划

根据"跳绳成绩单"的功能设计，仿照图 14-2 所示，画出界面结构草图。

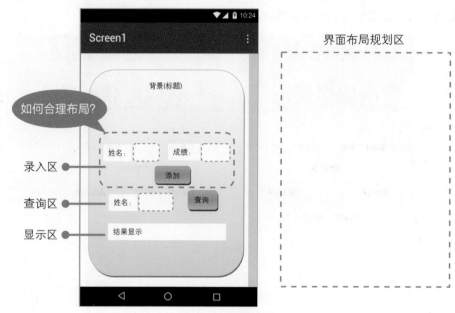

图 14-2　界面设计

3. 组件规划

根据界面规划和程序实现的需要，在用户界面中，需要标签来实现提示语、文本输入框输入数字、按钮执行等功能。

♡ **想一想**　程序要实现 _____ 个基本功能，需要 _____ 个按钮来实现，需要有 _____ 处信息输入框。录入区中如果输入框和按钮不在同一行，需要用到的布局是 _____。

♡ **填一填**　根据前面的分析，"跳绳成绩单"界面布局中会用到标签、文本输入框、按钮这 3 种组件。请根据自己的界面设计，完成表 14-1 所示的组件列表。

表 14-1　"用户界面"组件列表

组件类型	名称	作用
Ⓐ 标签		提示姓名
Ⓐ 标签	成绩提示标签	
Ⓐ 标签		待查姓名提示
Ⓐ 标签		显示结果
Ⓘ 文本输入框	姓名输入框	
Ⓘ 文本输入框	待查姓名输入框	
▭ 按钮		
▭ 按钮		
▭ 按钮		

算法设计

1. 执行顺序

程序运行后，录入姓名，再添加或查询成绩，执行步骤如图 14-3 所示。

图 14-3 执行步骤

2. 算法与流程

通过前面的分析可知，程序先创建一个空列表，通过"添加"按钮实现数据的添加，"添加""查询"2 个按钮的算法流程图如图 14-4 所示。

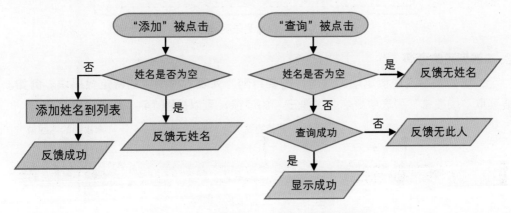

图 14-4 "添加"和"查询"按钮流程图

技术要点

1. 二维列表

通过前面的学习，我们知道列表可以存储单一信息，如班级名单只存储姓名。但本案例中的成绩单就不一样了，每条信息有 2 个要素：姓名和成绩。实际上，列表中的项也可以是列表，这种包含有另外列表的列表就是二维列表。例如，"成绩单"列表每一项由另外一种列表（姓名 成绩）组成，如图 14-5 所示。

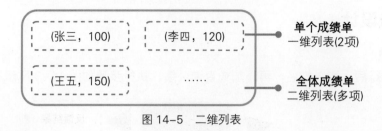

图 14-5 二维列表

2. 二维列表的键和值

二维列表的每一个数据项都是一维列表。在 App Inventor 中，为方便查找二维列表中的信息，规定把一维列表中的第一个数据项定为这个数据项的键。每个键后面的项即为键对应的值。例如"成绩单"列表中，"张三"是第一个数据项的键，其值是 100，如图 14-6 所示。

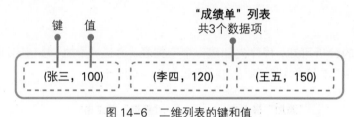

图 14-6 二维列表的键和值

3. 二维列表的查询

二维列表在查询指定项的值时，需要用到"列表"模块中的特定代码块。例如，要读取"成绩单"列表中姓名为"张三"的成绩，可以按图 14-7 所示设计代码。

图 14-7 二维列表的查询

> **想一想**　如果"成绩单"列表中有数据项 (张三,100)，则查找"张三"的返回值是 _____。

💡 编写程序

1. 设置组件

完成程序算法和流程设计后，就可以根据前面的组件和界面规划，完成程序的组件设置。

01 新建项目 新建 App Inventor 项目，命名为 ChengJiDan。

02 设置背景和标题 上传 beijing.jpg 图片素材，并将其设置为屏幕背景，修改屏幕标题为 "跳绳成绩单"。

03 添加组件 从 "组件面板" 分别拖动 "垂直布局" "水平布局" "标签" "按钮" 和 "文本输入框" 等组件至工作面板中，并对组件进行重新命名，效果如图 14-8 所示。

图 14-8　添加组件

> **提示**　垂直布局和水平布局可以互相包含，这种嵌套布局更灵活，如 "垂直布局 1" 包含 "水平布局 1" 和 "按钮"。

04 设置组件属性 各组件属性如表 14-2 所示，请根据表中的内容在组件属性面板中设置各组件属性。

表 14-2　**"用户界面"组件属性**

组件类型 / 名称	组件属性
垂直布局 1	水平对齐：居中；垂直对齐：居下；宽度：充满；高度：240
水平布局 1	水平对齐：居左；垂直对齐：居中；宽度：自动；高度：自动
水平布局 2	水平对齐：居左；垂直对齐：居中；宽度：自动；高度：50
水平布局 3	水平对齐：居左；垂直对齐：居中；宽度：自动；高度：50
标签提示（4 个）	文本分别是：姓名：、成绩：、待查姓名：、结果显示；字号统一为：16；宽度：自动；高度：自动；其他：默认

（续表）

组件类型 / 名称	组件属性
📝 文本输入框 (3 个)	"姓名"和"待查姓名"组件文本为空；字号：16；宽度：100 "成绩"组件文本为空；字号：16；宽度：50；其他：默认
⬜ 按钮 (2 个)	文本分别是：添加记录、查询成绩；背景颜色：黄色； 其他：默认

05 完善组件　保存项目，连接手机，预览效果，再根据预览情况，修改各组件属性，完善布局，完成后的作品效果如图 14-9 所示。

图 14-9　屏幕显示效果

2. 逻辑设计

　　和创建"班级花名册"相似，完成组件设计后，就可以先定义列表变量，再根据程序算法，对功能按钮进行逻辑编程设计。

01 设置"成绩"列表变量　切换到"逻辑设计"工作面板，分别选择"变量"和"列表"模块中的代码块，完成全局变量列表"成绩"的创建，效果如图 14-10 所示。

```
❓ 创建全局变量 成绩 为  ⚙ 创建空列表
```

图 14-10　设置"成绩"列表变量

02 设置"添加"按钮逻辑框架　根据算法流程，分别选择"添加"和"控制"模块中的相应代码，搭建"添加"按钮的逻辑框架，效果如图 14-11 所示。

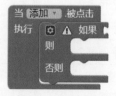

图 14-11　设置"添加"按钮逻辑框架

03 反馈空姓名　当姓名或成绩为空时，反馈消息，条件和信息反馈代码如图 14-12 所示。

图 14-12　反馈空姓名

04 添加列表内容　选择"列表"中的"在列表末尾增加列表项"代码块，再分别选择"变量""姓名"等模块中的代码块，完成列表数据项的添加，效果如图 14-13 所示。

图 14-13　添加列表内容

05 反馈成功信息　在模块区选择"文本""信息显示"模块中的相应代码块，完成成功信息的反馈代码。完整的"添加"按钮执行代码如图 14-14 所示。

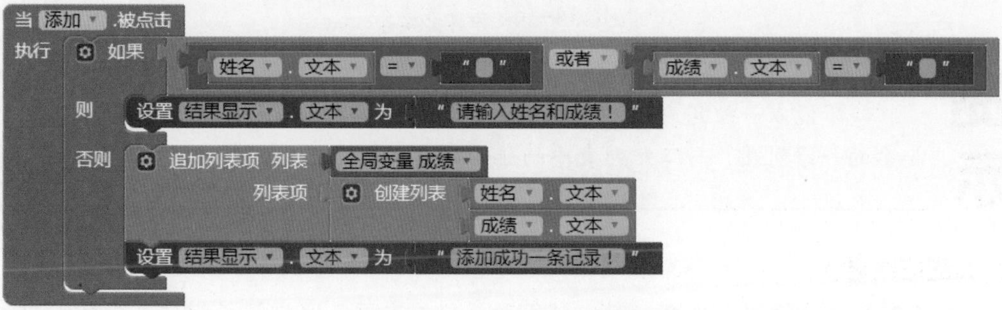

图 14-14　"添加"按钮完整代码

06 设置"查询"代码　在模块区选择"文本""列表""变量"和"查询"模块中的相应代码块，完成"查询"被点击的代码设计，效果如图 14-15 所示。

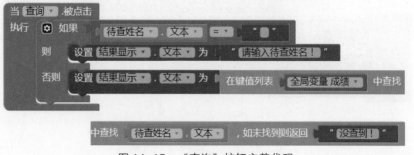

图 14-15　"查询"按钮完整代码

07 测试程序 计算机运行"AI 伴侣"软件，输入代码连接后，测试程序并保存项目。

拓展延伸

1. 程序改进

和"班级花名册"一样，代码中没有判断重名环节，请仿照第 13 课中的程序改进方法，完善"跳绳成绩单"中的"添加"按钮的逻辑判断代码，防止录入重名情况。先定义一个新列表用于存放姓名，再完善相应的代码，参考代码块如图 14-16 所示。

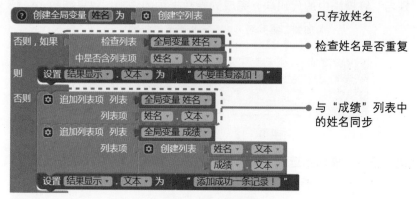

图 14-16 程序改进

提示 不能以一维列表的内容来查找二维列表，所以要定义一个存放姓名的一维列表，与二维列表中的姓名对应。

2. 改进成绩显示

在查询学生成绩时，当查到某人成绩时，只是在显示区域简单地显示分值。这种显示方式不太友好，请思考如何使用"文本合并"方式改进分值的显示方式，如"张三的成绩：150"。参考代码如图 14-17 所示。

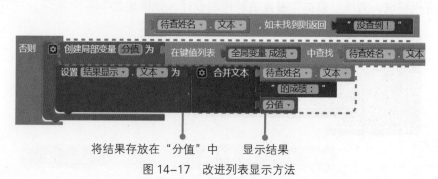

将结果存放在"分值"中　　　显示结果

图 14-17 改进列表显示方法

第 15 课　跳绳等级好判断

跳绳训练和测试终于结束了，老师要公布成绩了。可是老师不想让所有人知道具体的成绩，只想告诉他们的等级，该怎么办呢？前面的花名册和成绩单都可以用手机来实现，那么每位同学的跳绳等级，是不是也可以用手机来快速判断呢？让我们一起用 App Inventor 来实现吧！

体验中心

1. 程序体验

使用"AI 伴侣"软件运行"跳绳等级表"程序，先输入姓名再点击"添加记录"按钮，完成成绩录入后，尝试查询学生跳绳成绩，作品效果如图 15-1 所示。

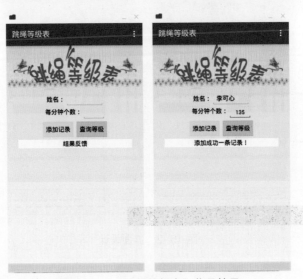

图 15-1　"跳绳等级表"作品效果

2. 问题思考

问题 1：你每分钟跳绳多少次，是优秀吗？

问题 2：判断等级要先知道什么？

问题 3：你知道如何判断跳绳等级的吗？

程序规划

1. 功能规划

"跳绳等级表" APP 的主要功能是记录学生跳绳成绩（每分钟多少次数），完成后显示每一位同学的姓名和等级。首先要有录入成绩的功能，完成成绩录入后，还要每位同学的跳绳等级表。

2. 界面规划

根据"跳绳等级表"的功能设计，仿照图 15-2 所示，画出界面结构草图。

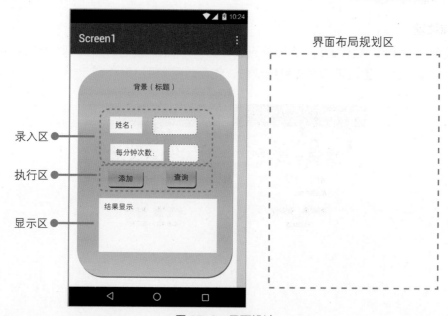

图 15-2　界面设计

3. 组件规划

根据界面规划和程序实现的需要，在用户界面中，需要标签、文本输入框、按钮来实现相应的功能。

♡ **想一想**　程序要实现 _____ 个基本功能，需要 _____ 个按钮来实现，需要有 _____ 处信息输入框。录入区中如果输入框和按钮不在同一行，需要用到的布局是 _____。

♡ **填一填**　根据前面的分析，"跳绳等级表"界面布局中会用到标签、文本输入框、按钮这 3 种组件。请根据自己的界面设计，完成表 15-1 所示的组件列表。

表 15-1　**"用户界面"组件列表**

组件类型	名称	作用
Ａ 标签	姓名标签	
Ａ 标签	次数提示标签	
Ａ 标签		显示结果
Ｉ 文本输入框	姓名输入框	
Ｉ 文本输入框		
按钮		
按钮		

算法设计

1. 执行顺序

程序运行后，录入姓名，再添加或查询成绩，执行步骤如图 15-3 所示。

图 15-3　执行步骤

2. 算法与流程

在查询等级环节中，需要根据成绩来判断所属等级。你知道成绩与等级之间是怎样的对应关系吗？请联系你的体育课跳绳情况，完成表 15-2 所示的等级划分表。

表 15-2　**等级划分表**

每分钟次数	等级
≥ 140	优秀
	良好
	合格
< 64	不合格

通过前面的分析可知，程序先创建一个空列表，通过"添加"按钮实现数据的添加，其算法与"跳绳成绩单"中的"添加"按钮相似。不同的是，用户在输入成绩后，程序在向"等级"列表中添加记录时，要先根据成绩判断等级。判断等级可以理解为一个独立模块，其算法流程图如图 15-4 所示。

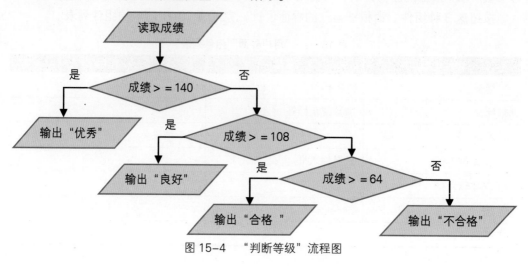

图 15-4　"判断等级"流程图

💡 技术要点

1. 过程的参数

当过程需要有给定的值才能执行时，就要为过程设置参数。例如"优秀"过程，要根据读取的成绩才能执行，可以设置参数来解决这个问题。按下列步骤操作，为"优秀"过程设置参数。

01 设置过程参数　定义好"优秀"过程后，"过程"模块中自动生成"调用优秀"代码块，选择该代码块，完成调用，效果如图 15-5 所示。

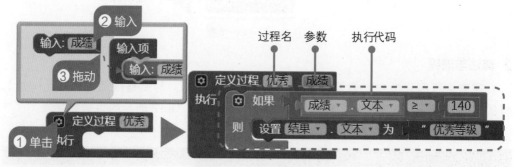

图 15-5　设置过程参数

02 带参数调用过程　定义好"优秀"过程后，"过程"模块中自动生成"调用优秀……成绩"代码块，选择该代码块，完成调用，效果如图 15-6 所示。

传递的参数

图 15-6　带参数调用过程

想
一
想

调用"等级"过程后，程序执行了什么，有什么显示？

2. 过程的返回值

过程不仅可以带参数执行，还能返回结果供其他代码使用，使用的过程代码块是"定义过程……返回"。如图 15-7 所示为有返回值的"成绩等级"过程。

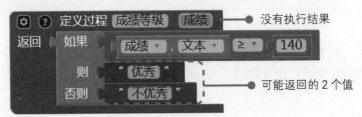

没有执行结果

可能返回的 2 个值

图 15-7　过程的返回值

想
一
想

这种有返回值的过程代码块有什么特点，为什么没有执行代码块？

编写程序

1. 设置组件

完成程序算法和流程设计后，就可以根据前面的组件和界面规划，完成程序的组件设置。

01 新建项目　新建 App Inventor 项目，命名为 DengJiBiao。

02 设置背景和标题　上传 beijing.jpg 图片素材，并将其设置为屏幕背景，修改屏幕标题为"跳绳等级表"。

03 添加组件　从"组件面板"分别拖动"垂直布局""水平布局""标签""按钮""文本输入框"等组件至工作面板中，并对组件进行重新命名，效果如图 15-8 所示。

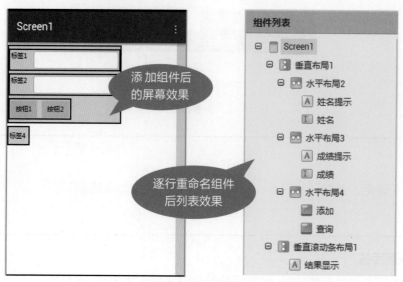

图 15-8　添加组件

想一想　用"垂直布局 1"包含 3 个"水平布局"，这样做有什么好处？结果显示为什么要用"垂直滚动条布局"？

04 设置组件属性　各组件属性如表 15-3 所示，请根据表中内容在组件属性面板中设置各组件属性。

表 15-3　"用户界面"组件属性

组件类型 / 名称	组件属性
垂直布局 1	水平对齐：居中；垂直对齐：居下；宽度：充满；高度：240
水平布局 1 水平布局 2 水平布局 3	水平对齐：居中；垂直对齐：居中；宽度：自动；高度：自动
垂直滚动条布局 1	水平对齐：居中；垂直对齐：居上；宽度：自动；高度：充满
标签提示 (3 个)	"姓名提示"组件文本为"姓名："；字号：16 "成绩提示"组件文本为"每分钟个数："；字号：16 "结果"组件文本为"结果反馈"；字号：16；宽度：300 其他属性：默认
文本输入框 (2 个)	"姓名"文本为空；字号：16；宽度：100 "成绩"组件文本为空；字号：16；宽度：60 其他属性：默认
按钮 (2 个)	文本分别是：添加记录、查询等级；居中对齐 背景颜色：黄色、粉色；其他属性：默认

05 **完善组件**　保存项目，连接手机，预览效果，再根据预览情况，修改各组件属性，完善布局，完成后的组件布局效果如图 15-9 所示。

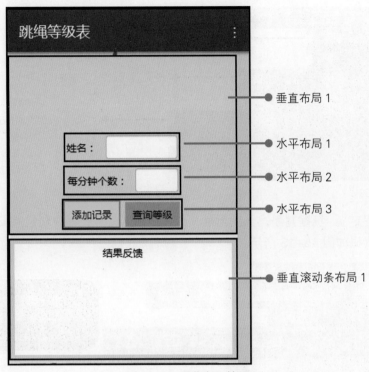

图 15-9　屏幕布局效果

2. 逻辑设计

　　和创建"班级花名册"相似，完成组件设计后，就可以先定义列表变量，再根据程序算法，对功能按钮进行逻辑编程设计。

01 **设置"等级列表"列表变量**　切换到"逻辑设计"工作面板，分别选择"变量"和"列表"模块中的代码块，完成全局变量列表"等级列表"的创建，效果如图 15-10 所示。

创建全局变量 [等级列表] 为 ⚙ 创建空列表

图 15-10　设置"等级列表"列表变量

02 **定义过程**　判断等级可以看作一个独立模块，通过定义有参数带返回值的过程来实现，设置效果如图 15-11 所示。

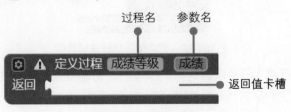

图 15-11　定义过程

03 设置过程逻辑框架　根据算法流程，选择"控制"中的"如果……则……否则"，完成搭建过程的逻辑框架，效果如图 15-12 所示。

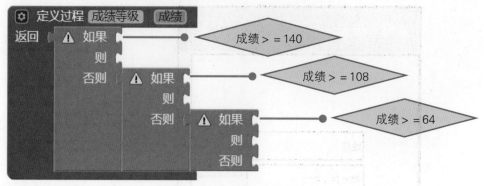

图 15-12　设置过程逻辑框架

04 完成过程定义　根据判断，分别为每一个卡槽设置条件代码块和信息反馈代码，完成后的代码如图 15-13 所示。

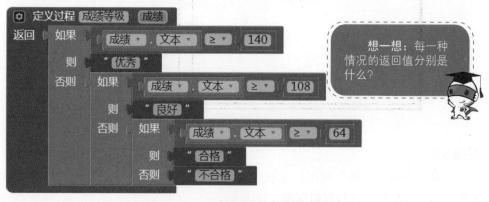

想一想：每一种情况的返回值分别是什么？

图 15-13　"成绩等级"过程完整代码

05 搭建"添加"按钮逻辑框架　根据"添加"按钮的算法流程，选择"添加""控制"中的相应代码块，完成"添加"按钮的逻辑框架搭建，效果如图 15-14 所示。

图 15-14　"添加"按钮逻辑框架

06 反馈空白文本信息　在模块区选择"文本""信息显示"模块中的相应代码块，完成空白文本信息的反馈代码，如图 15-15 所示。

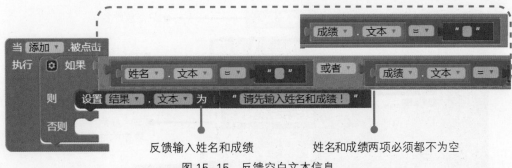

反馈输入姓名和成绩　　　　姓名和成绩两项必须都不为空

图 15-15　反馈空白文本信息

07 添加列表信息　在模块区选择"文本""结果"模块中的相应代码块，完成添加列表信息的代码，如图 15-16 所示。

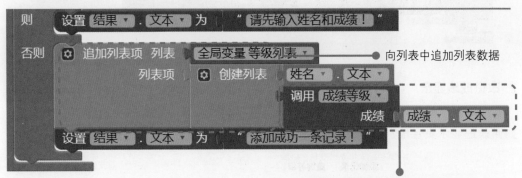

向列表中追加列表数据

调用"成绩等级"，将成绩转换成等级

图 15-16　添加列表信息

08 设置"查询"代码　在模块区选择"文本""列表""变量"和"查询"模块中的相应代码块，完成"查询"被点击的代码设计，效果如图 15-17 所示。

图 15-17　"查询"按钮完整代码

09 测试程序　计算机运行"AI 伴侣"软件，输入代码连接后，测试程序并保存项目。

拓展延伸

1. 程序改进

在测试时，你是否和上一节课一样，也发现了重名情况？为防止录入重名，请仿照"跳绳成绩表"一课的内容，先定义一个新列表用于存放姓名，再完善相应代码，代码效果如图 15-18 所示。

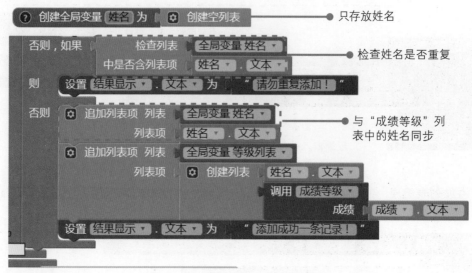

图 15-18　添加"添加"按钮代码

2. 改进成绩显示

在查询等级时，显示区域以行的方式连续显示姓名和等级，效果如图 15-19 所示，如何改进显示更合理？

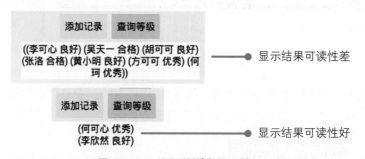

图 15-19　不同的列表显示结果

这种显示方式不太友好，请思考如何使用第 13 课中的"遍历列表"和"文本合并"方式改进成绩等级表的显示方式，参考代码如图 15-20 所示。

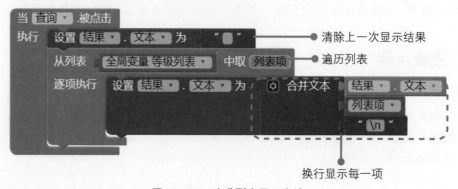

图 15-20　改进列表显示方法

第 6 单元

身体健康多运动

俗话说："生命在于运动。"现在越来越多的人加入了运动大军。健身房健身、室外跑步、户外探险等各种运动方式层出不穷。人们在热衷运动的同时，还喜欢借助手机等智能设备记录自己的运动数据，指导自己更健康地运动。本单元我们将走进运动世界，运用 App Inventor 2 一起探讨手机生活应用工具的开发。

本单元设计了 3 个活动来了解图像、画布、精灵等多媒体组件的应用，并进一步熟悉逻辑、变量、数学等模块指令的运用。

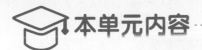 本单元内容

第 16 课　身处野外不迷向

扫一扫，看视频

　　户外运动是一项具有很大挑战性和刺激性的项目，吸引了越来越多人的参与。他们拥抱自然，挑战自我。但因为户外运动多带有探险型，常备指南针开展户外运动能确保任何时候都不会迷向。本课将制作一个"指南针"手机 APP，让我们身处野外不迷向。

💡 体验中心

1. 程序体验

　　使用"AI 伴侣"软件运行"指南针"程序。指南针指向北方是 0°，指向南方是 180°，指向东方是 90°，指向西方是 270°。屏幕初始化的时候，指南针指向手机朝向，并显示当前的方向与角度。当手机方向发生改变时，通过文字的形式实时显示手机朝向的方向与当前方向的角度。程序运行后效果如图 16-1 所示。

图 16-1　作品效果

2. 问题思考

问题 1：罗盘图像如何能跟着方向旋转？

问题 2：如何确定当前的方向？

问题 3：如何确定当前的角度？

💡 程序规划

1. 功能规划

指南针是用以判别方位的一种简单仪器。该程序主要是实现指南针功能，通过文字的形式实时显示手机朝向的方向与当前方向的角度。

2. 界面规划

从功能描述中，我们可以看到要实现指南针功能，图像组件、方向传感器组件必不可少。根据需要还可以利用标签组件，显示当前方向和度数。要完成如图 16-2 所示的界面效果，需要哪些布局组件呢？

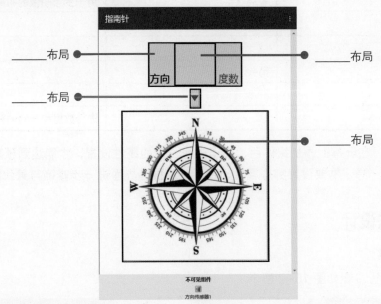

图 16-2　界面规划

♡ **画一画** 如果请你设计此程序，你会如何设计界面呢？请画出来。

♡ **说一说** 设计制作此程序时，需要准备哪些素材？

3. 组件规划

根据程序功能的需要，在用户界面中，需要标签来实现显示出当前方向和角度，需要图像组件显示罗盘和指针。

♡ **填一填** 表 16-1 中已经列出用户设计界面可能用到的组件，请在表格空白处填一填你将为组件命名的名称，并注明其作用。

表 16-1 **"用户界面"组件列表**

组件类型	名称	作用
水平布局	布局 1	用于标签组件的布局
水平布局	空格布局	
水平布局	布局 2	
	布局 3	用于罗盘图像的布局
标签		
标签		
图像 1	箭头	
图像 1	罗盘	
方向传感器		进行数据和方向的获取与判断

♡ **想一想** 在屏幕上添加组件后，必须进行一定的属性设置，才能达到预期的设计效果。想一想，需要设置哪些属性，才可以对程序界面进一步修饰与美化呢？

🔅 算法设计

1. 执行顺序

程序执行步骤如图 16-3 所示。

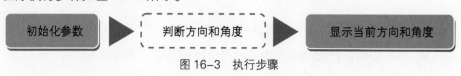

图 16-3 执行步骤

2. 算法与流程

通过前面的分析可知程序的整体流程和执行顺序，算法流程图如图 16-4 所示。

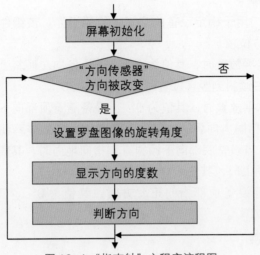

图 16-4　"指南针"主程序流程图

执行程序后，当前手机指向的方向，主要是依据方向传感器的方位角来判定的。判断方向的算法流程图如图 16-5 所示。

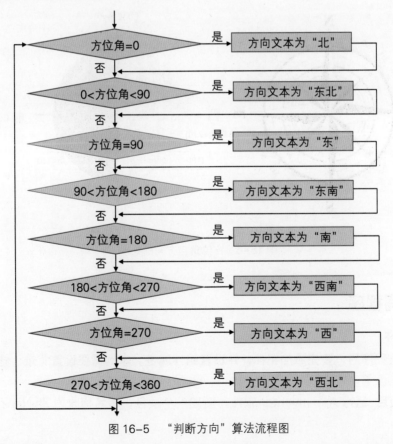

图 16-5　"判断方向"算法流程图

技术要点

1. 方向传感器的方位值

方向传感器是专门用于确定设备的空间方位的组件。该组件为非可视组件，它提供了 3 种不同类别的方位值。

♡ **倾斜角** 当设备水平放置时，其值为 0°；当设备向左倾斜到竖直位置时，其值为 90°；当设备向右倾斜到竖直位置时，其值为 –90°。

♡ **翻转角** 当设备水平放置时，其值为 0°；设备随着顶部向下倾斜至竖直时，其值为 90°；继续沿相同方向翻转，其值逐渐减小，直到屏幕朝向下方的位置，其值变为 0°。同样，当设备底部向下倾斜直到指向地面时，其值为 –90°；继续沿同方向翻转到屏幕朝上时，其值为 0°。

♡ **方位角** 当手机等设备顶部指向正北方时，其值为 0°，正东为 90°，正南为 180°，正西为 270°。

2. 方位角与方向的关系

方位角的取值范围为 0°~360°，依据方位角的度数，即可判断出当前设备所指的方向。方向与方位角的关系如图 16-6 所示。

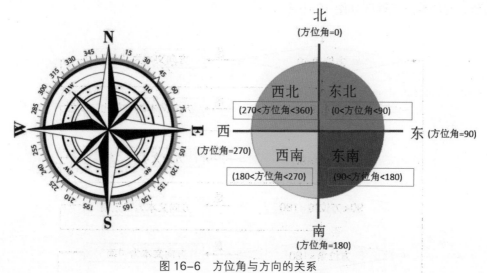

图 16-6　方位角与方向的关系

编写程序

1. 设置组件

规划好程序后，要先添加组件，并设置组件属性。本例需要设置背景、修改标题、设置按钮宽度等。

01 新建项目 运行 App Inventor 软件，新建一个项目，将名称改为 ZhiNanZhen。

02 上传素材 上传罗盘、图标等图片素材至项目中，上传后的效果如图 16-7 所示。

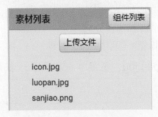

图 16-7 上传素材

03 添加组件 从"组件面板"分别拖动"水平布局""标签""图像"组件至工作面板中，效果如图 16-8 所示。

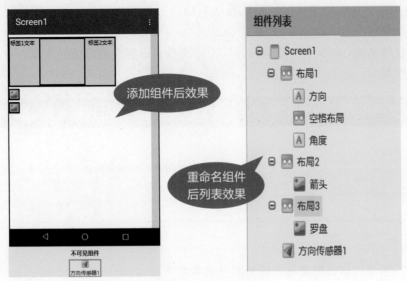

图 16-8 添加组件

04 设置组件属性 各组件属性如表 16-2 所示，根据表中内容在组件属性面板中设置各组件属性，设置后的效果如图 16-2 所示。

表 16-2 **"用户界面"组件属性**

组件类型	组件属性
Screen1	应用名称：指南针；标题：语言学习小工具；屏幕方向：锁定竖屏 图标：icon.jpg；水平对齐：居中；垂直对齐：居中
水平布局 1	水平对齐：居左；垂直对齐：居下
水平布局 2	水平对齐：居中；垂直对齐：居下
水平布局 3	水平对齐：居中；垂直对齐：居上
空格布局	水平对齐：居左；垂直对齐：居上
标签 _ 方向	文本：方向；字号：28；字体：monospace 3
标签 _ 角度	文本：度数；字号：28；文本颜色：红色

(续表)

组件类型	组件属性
箭头	图片：sanjiao.png；旋转角度：180 宽度：20 像素；高度：40 像素
罗盘	图片：luopan.jpg；宽度：360 像素；高度：360 像素
方向传感器	不可见组件

05 完善组件　保存项目，连接手机，预览效果，再根据预览情况，修改各组件属性，
完善布局。

2. 逻辑设计

添加并设置好组件属性后，根据算法对组件进行逻辑设计，即对组件设置程序，
完成规划功能。

01 设置旋转角度　切换到"逻辑设计"工作面板，设置图像的旋转角度，让指南针指
向手机朝向，如图 16-9 所示。

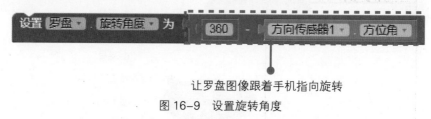

让罗盘图像跟着手机指向旋转

图 16-9　设置旋转角度

> 想
> 一
> 想
>
> 图像的旋转角度与方位角有什么关系？

02 完成屏幕初始化代码设计　将完成屏幕初始化代码设计，如图 16-10 所示。

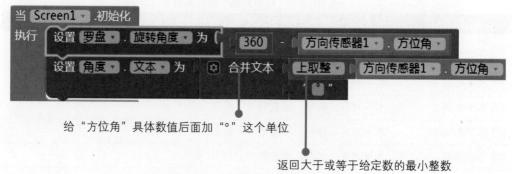

给"方位角"具体数值后面加"°"这个单位

返回大于或等于给定数的最小整数

图 16-10　完成屏幕初始化代码设计

03 设计传感器代码　当方向传感器方向被改变时，首先要执行屏幕初始化时的 2 行代码，按图 16-11 所示操作，修改方位角参数即可。

图 16-11　设计传感器代码

04 搭建嵌套选择结构　按图 16-12 所示操作，搭建嵌套选择结构。

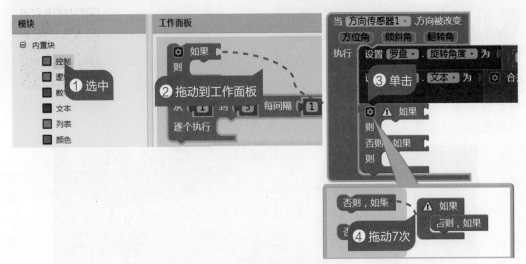

图 16-12　搭建嵌套选择结构

05 完成第一个方向代码设计　完成 "Screen1" 组件代码的设计，效果如图 16-13 所示。

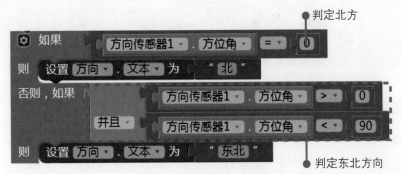

图 16-13　完成第一个方向代码

06 完成其余方向代码设计　依据 16-5 所示流程图，完成东、东南、南、西南、西、西北 6 个方向的代码设计。

07 测试程序　运行 "AI 伴侣" 软件，输入代码连接后，测试程序并保存项目。

💡 拓展延伸

1. 实践体验

根据教程，自己动手实践一遍，先学会模仿，从设计开发、模拟运行到程序安装包下载安装到手机，感受整个过程。

2. 创意设计

在完成模仿开发后，适当做些改变和探索，比如设计一个与众不同的指南针，利用方向传感器设计一个水平仪等。

你能利用所学，设计出什么样的作品呢？开始你的设计之旅吧！

第 17 课　平衡挑战贪吃球

你玩过贪吃蛇游戏吗？本课我们将通过一个传感器小游戏——"贪吃球"案例来使用画布、球形精灵和按钮等组件来实现界面设计，进一步理解方向传感器的作用和原理，并掌握利用方向传感器来控制球形精灵的运动及如何控制精灵的运动方向和速度。

扫一扫，看视频

💡 体验中心

1. 程序体验

使用"AI 伴侣"软件运行"贪吃球"程序，屏幕上会出现一个大球，一个小球，开始处理静止状态。通过点击"开始游戏"按钮，开始游戏。游戏开始后，利用手机自带的方向传感器来控制大球的运动。当大球触碰到小球时，大球的体积变大，小球跳转到画布区域的任意位置显示。如果大球在运动过程中触碰到画布边缘，游戏结束，并给出提示，如图 17-1 所示。

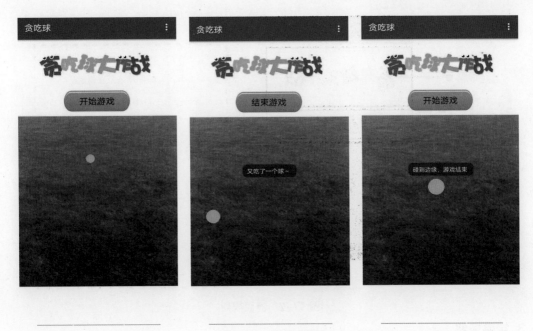

图 17-1　作品效果

2. 问题思考

问题 1：如何通过按钮控制游戏开始与结束？

问题 2：如何控制大球运动？

问题 3：大球碰到小球后，如何使大球变大，小球移位？

💡 程序规划

1. 功能规划

　　程序运行时，游戏是没有开始的。只有在点击"开始游戏"按钮后，大球才能在画布区移动，一旦超出画布边界，游戏结束。在大球移动的过程中，如果碰到小球，大球会增大，此时会弹出"又吃了一个球"对话框，小球会在随机位置再次出现。

2. 界面规划

　　从功能描述中，我们可以看到此程序中，可视化组件需要用到标签、按钮、球形精灵等。非可视化组件需要用到方向传感器、对话框。要完成如图 17-2 所示的界面效果，需要哪些布局组件呢？如果你是程序设计师，你会如何设计程序界面呢？

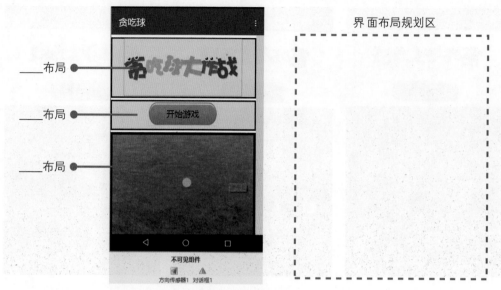

图 17-2 界面规划

3. 组件规划

根据程序交互和实现的需要，在用户界面中，需要图像组件显示有特色的标题，需要按钮执行选择、画布、球形精灵组件等实现游戏功能。

♡ **填一填** 表 17-1 中已经列出用户设计界面可能用到的组件，请在表格空白处填一填你将为组件命名的名称，并注明其作用。

表 17-1 "用户界面"组件列表

组件类型	名称	作用
图像 1	标题	
画布		确认精灵的活动范围
球形精灵	大球	具有触感的，可移动的大球组件
球形精灵	小球	具有触感的，可移动的小球组件
按钮	游戏控制按钮	
对话框		显示对话框信息
方向传感器		

♡ **想一想** 在屏幕上添加组件后，必须进行一定的属性设置，才能达到预期的设计效果。如图 17-2 所示的界面中，需要设置哪些属性，才可以对程序界面进一步修饰与美化呢？

算法设计

通过前面的分析可知，游戏控制按钮是程序的主控按钮，主程序算法流程图如图 17-3 所示。

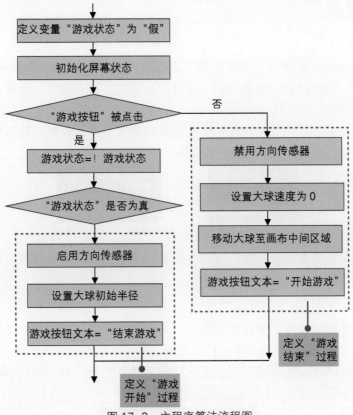

图 17-3　主程序算法流程图

当游戏开始后，有 3 种情况需要判定：(1) 方向传感器方向是否被改变？(2) 大球是否碰到边缘？(3) 大球是否与小球碰撞？通过分析，可知其算法流程图如图 17-4 所示。

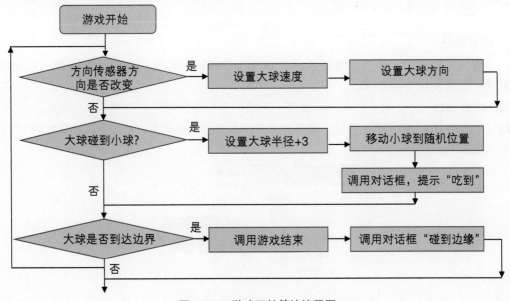

图 17-4　游戏开始算法流程图

技术要点

1. 画布与精灵

在 App Inventor 软件中，组件面板"绘画动画"类包含 3 个组件：画布、球形精灵和图像精灵。精灵是指具有触感的、可移动的图像。球形精灵，就是有触感、可移动的小球。

精灵的功能很多，比如，它可以响应触摸和拖曳事件，也可以与其他精灵或画布的边缘产生碰撞，其在本例中用到的事件模块如图 17-5 所示。

图 17-5　事件模块

画布就像生活中的画板一样，可以在上面用画笔绘画。需要注意的是：精灵必须放在画布中使用。

2. 对话框

对话框组件可以调用信息提示窗口，用来显示提示用户的信息。使用对话框的好处是，信息提示窗口不会占用屏幕的设计空间，在必要时出现提示，然后自动消失。

本案例中通过对话框"显示警告信息"方法，在大球吃到小球，或是大球碰到边缘时，显示相应的文字信息窗口。其所用到的方法模块如图 17-6 所示。

图 17-6　方法模块

编写程序

1. 设置组件

规划好程序后，要先添加组件，并设置组件属性。本案例需要设置图像、按钮的宽度、高度及背景图片等。

01 新建项目　运行 App Inventor 软件，新建一个项目，将名称改为 TanChiQiu。

02 上传素材　上传标题、按钮、背景图片等相关素材至项目中，上传后的效果如图 17-7 所示。

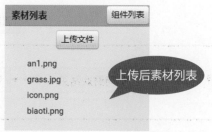

图 17-7　上传素材

03　添加组件　在"界面布局"窗口中，拖动 3 次"水平布局"组件至工作面板中；在"用户界面"窗口中，分别拖动"图像""按钮"组件至工作面板中；在"绘画动画"窗口中，分别拖动画布、球形精灵组件至工作面板中，效果如图 17-8 所示。

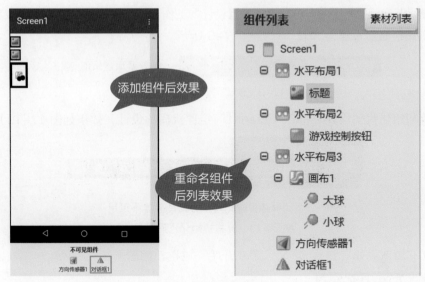

图 17-8　添加组件

04　设置组件属性　各组件属性如表 17-2 所示，根据表中内容在组件属性面板中设置各组件属性，设置后的效果如图 17-2 所示。

表 17-2　　**"用户界面"**组件属性

组件类型	组件属性
Screen1	应用名称：贪吃球；标题：贪吃球；屏幕方向：锁定竖屏 图标：icon.jpg；水平对齐：居中；垂直对齐：居中
水平布局 1	水平对齐：居中；垂直对齐：居上；宽度：充满
水平布局 2	水平对齐：居中；垂直对齐：居上；宽度：充满；高度：60 像素
水平布局 3	宽度：充满；高度：400 像素
标题	图片：biatoti.png；宽度：260 像素；高度：120 像素
游戏控制按钮	文本：开始游戏；宽度：150 像素；高度：50 像素 图像：an1.png
画布	宽度：充满；高度：400 像素
大球	画笔颜色：橙色；半径：10
小球	画笔颜色：橙色；半径：10

05　完善组件　保存项目，连接手机，预览效果，再根据预览情况，修改各组件属性，完善布局。

2. 逻辑设计

添加并设置好组件属性后，根据算法对组件进行逻辑设计，即对组件设置程序，完成规划功能。

01 创建"游戏状态"变量 切换到"逻辑设计"工作面板，设置全局变量"游戏状态"，并将其初始值设置为"假"，如图 17-9 所示。

图 17-9 创建"游戏状态"变量

02 屏幕初始化代码设计 完成"Screen1"组件代码的设计，效果如图 17-10 所示。

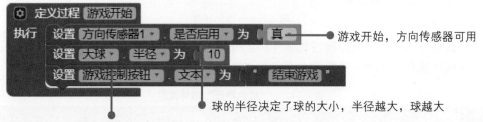

图 17-10 屏幕初始化代码设计

03 定义"游戏开始"过程 定义"游戏开始"过程，如图 17-11 所示。

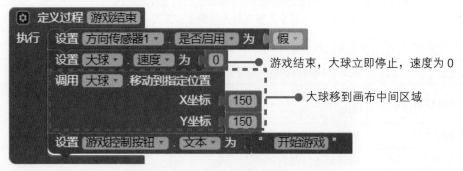

图 17-11 定义"游戏开始"过程

04 定义"游戏结束"过程 定义"游戏结束"过程，如图 17-12 所示。

图 17-12 定义"游戏结束"过程

想
一
想
大球移到的坐标是否必须是 (150，150)？如果游戏结束后，不移动大球，会对程序有什么影响？

05 设计控制按钮代码 游戏按钮有两种状态——"开始游戏"与"结束游戏"，两种状态下分别调用"游戏开始"与"游戏结束"过程，代码如图 17-13 所示。

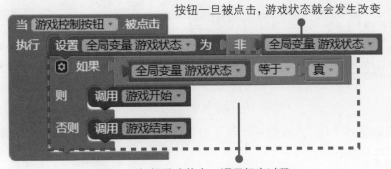

图 17-13 设计控制按钮代码

06 完成方向传感器代码设计 在模块区中选中"方向传感器"，拖动"当方向传感器方向被改变"代码块至工作面板，根据需要设置大球的速度与方向，效果如图 17-14 所示。

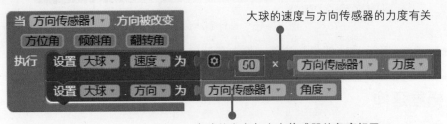

图 17-14 完成方向传感器代码设计

想
一
想
游戏开始后，执行什么操作可以改变小球运动的速度呢？方向传感器的"力度"是如何控制的？

07 设计精灵碰撞代码 两精灵碰撞后，大球会变大，小球会在另一随机地点出现，还会提示对话框，代码如图 17-15 所示。

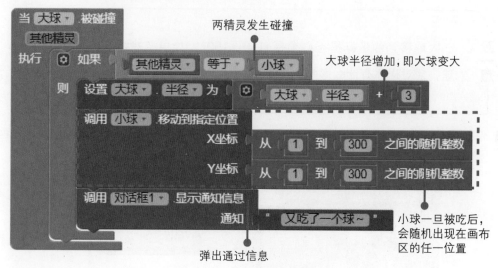

图 17-15　设计精灵碰撞代码

08 设计到达边界代码　大球如果碰到了边界，游戏停止，并弹出对话框，其代码设计如图 17-16 所示。

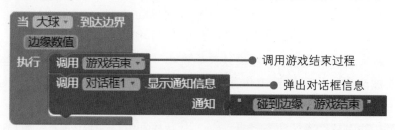

图 17-16　设计到达边界代码

09 测试程序　运行 "AI 伴侣" 软件，输入代码连接后，测试程序并保存项目。

💡 拓展延伸

1. 实践体验

根据教程，自己动手实践一遍，先学会模仿，从设计开发、模拟运行到程序安装包下载安装到手机，感受整个过程。

2. 创意设计

在完成模仿开发后，适当做些改变和探索，比如，先显示大球的初始重量，大球每吃掉一个小球后，都会看到重量增加的结果……或是通过 2 个按钮，来控制游戏的开始与结束……

你希望你的 "贪吃球" 游戏还具有什么样的功能呢？开始你的设计之旅吧！

第 18 课　健康计步晒运动

扫一扫，看视频

走路是一种不错的运动方式。现在越来越多的人爱上了走路。运动的同时，可以随时查看自己行走的步数，与好友进行运动量比赛，真是乐趣无穷。本课将制作"计步器"案例，让家人、好友晒运动。

体验中心

1. 程序体验

使用"AI 伴侣"软件运行"计步器"程序，效果如图 18-1 所示。屏幕初始化的时候，计步器是不可用的，当前步数为 0。当点击"开始计步"按钮后，随着手臂的晃动，计步开始，当前步数即可更新，此时计步按钮会显示"结束计步"文字，再次点击该按钮后，计步结束。

图 18-1　作品效果

2. 问题思考

问题 1：计步器是依据什么计步的？

问题 2：如何通过按钮，控制计步的状态？

问题 3：如何让计步器清零？

💡 程序规划

1. 功能规划

计步器主要用于记录走路步数。该程序主要是通过按钮实现计步功能的开始与结束，也可以通过"计步归零"按钮，将当前步数清零。

2. 界面规划

从功能描述中，我们可以看到要实现计步功能，加速度传感器组件必不可少。根据需要还可以利用按钮组件，控制计步的开始与结束。通过图像组件，进一步修改程序界面等。要完成如图 18-2 所示的界面效果，需要哪些布局组件呢？

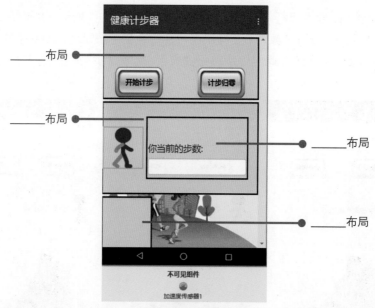

图 18-2 界面规划

♡ **画一画** 如果请你设计此程序，你会如何设计界面呢？请画出来。

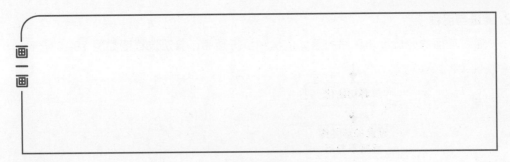

画
一
画

💬 **说一说** 设计制作此程序时，需要准备哪些素材？

3. 组件规划

根据程序功能的需要，在用户界面中，需要按钮组件控制计步的状态，需要图像组件来进行界面的美化，需要文本输入框组件来显示步数。

💬 **填一填** 表 18-1 中已经列出用户设计界面可能用到的组件，请在表格空白处填一填你将为组件命名的名称，并注明其作用。

表 18-1　"用户界面"组件列表

组件类型	名称	作用
🖿 水平布局	水平布局 1	
🖿 水平布局	水平布局 2	
🖿 水平布局	水平布局 3	
	垂直布局 4	
🔲 按钮	计步 _ 按钮	
🔲 按钮	归零 _ 按钮	
Ⓐ 标签	空格 _ 标签	
Ⓐ 标签	提示语	
		用于显示步数
🖼 图像 1	卡通人	
◀ 加速度传感器		用于侦测晃动

💬 **想一想** 在屏幕上添加组件后，必须进行一定的属性设置，才能达到预期的设计效果。想一想，需要设置哪些属性，才能对程序界面进一步修饰与美化呢？

💡 算法设计

1. 执行顺序

程序执行步骤如图 18-3 所示。

初始化参数 ▶ 判断手机晃动次数 ▶ 根据晃动次数计算步数并显示

图 18-3　执行步骤

2. 算法与流程

通过前面的分析可知程序的整体流程和执行顺序，算法流程图如图 18-4 所示。

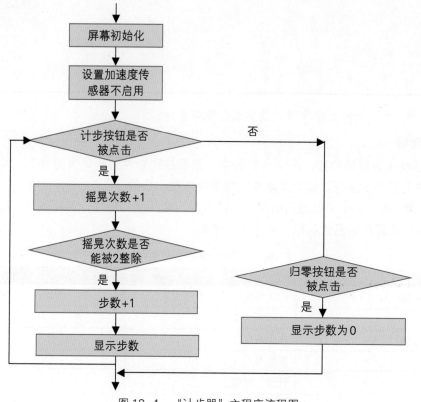

图 18-4　"计步器"主程序流程图

点击按钮后，计步状态为真，加速度传感器开始工作，依据设备晃动的次数，确定所走的步数，其算法流程图如图 18-5 所示。

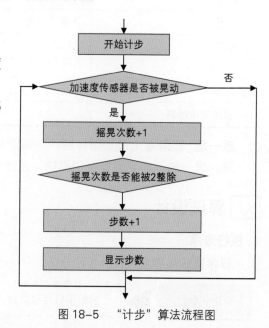

图 18-5　"计步"算法流程图

技术要点

1. 加速度传感器

如果你踩下油门，车会加速——车速会以一定的比率增加。加速度是指单位时间内速度的变化。在 App Inventor 中，加速度传感器为非可视组件，可以侦测设备的摇晃，测量 3 个维度上加速度的近似值，测量值的单位为米 / 秒²。这 3 个加速度分量如下。

♡ **X 分量**　当手机静置于平面上时，值为 0；当手机向右倾斜 (左侧抬起) 时，其值为正，当手机向左倾斜时 (右侧抬起)，其值为负。

♡ **Y 分量**　当手机静置于平面上时，值为 0；当手机底部抬起时，其值为正，当手机顶部抬起时，其值为负。

♡ **Z 分量**　当手机屏幕向上平行于地面静止时，其值为 –9.8(重力加速度值，单位为米 / 秒²)；当手机垂直屏幕垂直于地面时，其值为 0；当屏幕向下时，其值为 +9.8。设备加速会影响该值，使其与重力加速度相叠加。

2. 加速度传感器的事件

计步器的工作原理是累计手机"感受"到的摇晃，如何检测手机的摇晃呢？这就需要了解加速度传感器的事件。加速度传感器只有两种事件，一是检测加速是否改变，二是检测是否被晃动，如图 18-6 所示。

图 18-6　"加速度传感器"的事件

编写程序

1. 设置组件

规划好程序后，要先添加组件，并设置组件属性。本案例需要设置背景、修改标题、设置按钮宽度等。

01　新建项目　运行 App Inventor 软件，新建一个项目，将名称改为 JiBuQi。

02　添加组件　从"组件面板"分别拖动"水平布局""垂直布局""标签""图像""加速度传感器"组件至工作面板中，并为其重命名，效果如图 18-7 所示。

03　上传素材　上传背景、图标等图片素材至项目中，上传后的效果如图 18-8 所示。

04　设置组件属性　各组件属性如表 18-2 所示，根据表中内容在组件属性面板中设置各组件属性，设置后的效果如图 18-2 所示。

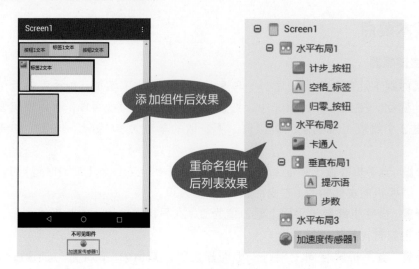

图 18-7　添加组件

图 18-8　上传素材

表 18-2　"用户界面"组件属性

组件类型	组件属性
Screen1	应用名称：计步器；标题：健康计步器 图标：icon.jpg；水平对齐：居中；垂直对齐：居中
水平布局 1	水平对齐：居中；垂直对齐：居下 宽度：充满；高度：120 像素
水平布局 2	水平对齐：居左；垂直对齐：居中 宽度：充满；高度：180 像素
水平布局 3	高度：300 像素
垂直布局 1	水平对齐：居左；垂直对齐：居下 高度：120 像素
空格 _ 标签	文本：空；宽度：50 像素
提示语	文本颜色：蓝色；文本：你当前的步数：；字号：20

（续表）

组件类型	组件属性
▦ 计步_按钮	文本对齐：居中 1；文本：开始计步；字号：16 图像：button1bg.png；宽度：100 像素；高度：60 像素 是否粗体：是
▦ 归零_按钮	文本对齐：居中 1；文本：计步归零；字号：16 图像：button1bg.png；宽度：100 像素；高度：60 像素 是否粗体：是
▣ 步数	文本对齐：居中 1；文本：空；字号：20；宽度：200 像素
▨ 卡通人	图片：ren.png；宽度：360 像素；高度：360 像素
◪ 加速度传感器	敏感度：较强

05 完善组件 保存项目，连接手机，预览效果，再根据预览情况，修改各组件属性，完善布局。

2. 逻辑设计

添加并设置好组件属性后，根据算法对组件进行逻辑设计，即对组件设置程序，完成规划功能。

01 创建全局变量 切换到"逻辑设计"工作面板，创建全局变量"计步状态"为逻辑值"假"，全局变量"摇晃次数""步数"初始值为 0，如图 18-9 所示。

图 18-9 创建全局变量

02 完成屏幕初始化代码设计 将完成屏幕初始化代码设计，如图 18-10 所示。

屏幕初始状态，加速度传感器 1 不可用

图 18-10 完成屏幕初始化代码设计

03 设计"计步按钮"代码 当"计步_按钮"按钮被点击时，首先改变计步状态，根据不同的计步状态决定加速度传感器是否启用，按钮代码设计如图 18-11 所示。

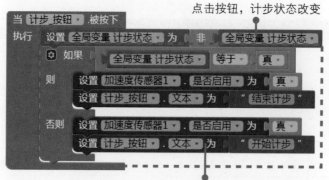

图 18-11　设计"计步按钮"代码

04 拖动感应器事件模块　按图 18-12 所示操作，拖动加速度感应器"被晃动"事件模块至工作面板中。

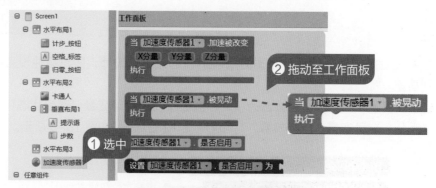

图 18-12　拖动感应器事件模块

05 完成感应器事件代码　加速度感应器感应到手机每晃动一次，变量"摇晃次数"加 1 次，摇晃 2 次（前后摆臂 1 次）相当于走了 1 步，由此可知，感应器事件代码设计如图 18-13 所示。

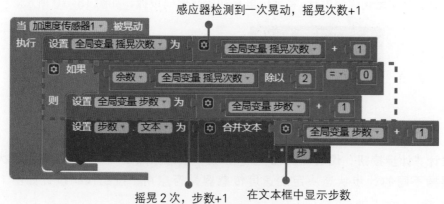

图 18-13　感应器事件代码

06 完成"归零"按钮代码设计　完成"归零"按钮组件代码的设计，效果如图 18-14 所示。

文本输入框文本直接显示为 0

图 18-14　完成"归零"按钮代码

07 测试程序　运行"AI 伴侣"软件，输入代码连接后，测试程序并保存项目。

拓展延伸

1. 实践体验

　　根据教程，自己动手实践一遍，先学会模仿，从设计开发、模拟运行到程序安装包下载安装到手机，感受整个过程。

2. 创意设计

　　在完成模仿开发后，适当做些改变和探索，比如，让程序运动后，就自动开始计步；或是进一步改进 APP 功能，让该计步器不仅能显示步数，而且能够根据步幅计算出当前行走的里程（已知：步幅 = 身高 ×0.37）。

　　你能利用所学，设计出什么样的作品呢？开始你的设计之旅吧！

第7单元

学习生活好助手

前几个单元已经学会 App Inventor 2 程序的基本结构，掌握判断选择、重复执行，熟练运用变量、列表。

本单元设计了 3 个活动，进一步学习存取数据的技巧。使用微数据库、网络微数据库、文件管理器等组件，编写学习、生活中的小程序，实现云存储、大数据、智能化控制。

 本单元内容

第19课 随时备忘小便笺

扫一扫，看视频

你使用过便笺软件吗？一般手机里有备忘录，能够帮你记录生活中的琐事、重要的事情以及笔记，甚至还能设置时间提醒，在应该做什么事的时候提醒你。现在可以自己开发一个个性化的备忘小便笺，一起来实现吧！

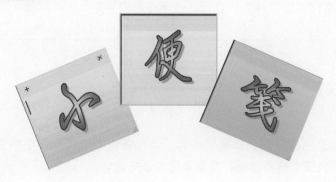

体验中心

1. 程序体验

连接手机，运行"小便笺"程序，添加备忘录标题和内容，查看添加的备忘内容，体验软件功能，如图 19-1 所示。

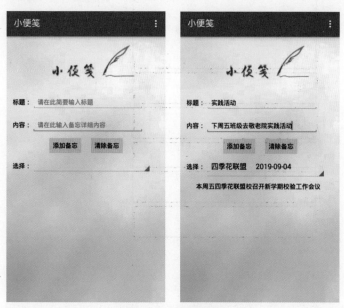

图 19-1 程序体验

2. 问题思考

问题 1： 输入的标题和内容添加到哪去了?

问题 2： 下拉列表框中显示的是什么?

问题 3： 如何做到选择下拉选项，显示备忘内容?

程序规划

1. 功能规划

输入需要备忘的标题和具体事项内容，添加备忘，下拉列表框中显示标题和记录日期，从下拉列表框中选择选项，查看具体的备忘内容。

2. 界面规划

根据上述功能规划，有"添加备忘"和"清除备忘"2 个按钮，3 个标签，2 个文本输入框，1 个下拉框。仿照图 19-2 所示，画出界面结构草图。

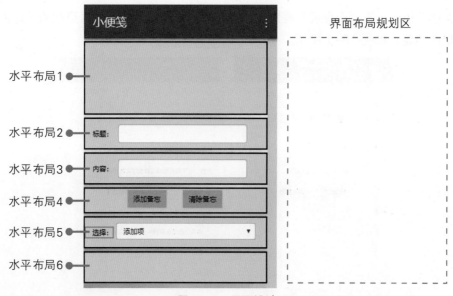

图 19-2　界面设计

3. 组件规划

案例中有"添加备忘"和"清除备忘"2 个按钮,标题和内容输入框使用"文本输入框",其他提示均用"标签"实现,此外,还要用到"计时器""微数据库""信息对话框"

几个不可见组件。具体的用户界面组件如表 19-1 所示。

表 19-1　　"用户界面"组件列表

组件类型	名称	作用
Ａ标签	标题提示	显示"标题："文本
Ａ标签	内容提示	显示"内容："文本
Ａ标签	选择提示	显示"选择："文本
Ａ标签	内容查看	显示查看备忘的内容
文本输入框	标题输入框	输入备忘录标题
文本输入框	内容输入框	输入备忘录内容
按钮	添加备忘	添加备忘内容
按钮	清除备忘	清除备忘内容
下拉列表框	添加项	添加的备忘标题
微数据库	微数据库 1	存储添加的备忘数据
信息对话框	信息对话框 1	无内容输入的提示信息
计时器	计时器 1	用来获取日历，组件不可见

算法设计

1. 执行顺序

运行软件，程序执行的步骤如图 19-3 所示。

图 19-3　执行步骤

2. 算法与流程

通过前面的分析可知，本案例的关键是将标题和内容添加到微数据库中，再从微数据库中读取数据，具体算法流程图如图 19-4 所示。

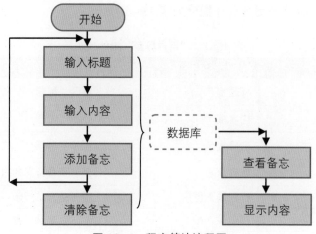

图 19-4　程序算法流程图

技术要点

1. 保存数据

在 App Inventor 程序设计中，存储数据需要使用"微数据库"组件，将输入的数据保存到微数据库中，相关程序块如图 19-5 所示。

图 19-5　保存数据

2. 获取数据

获取数据与保存数据相反，从微数据库中取出对应标签的数据，取出的数据可以直接显示，也可以存到变量或列表中。相关程序块如图 19-6 所示。

图 19-6　获取数据

编写程序

1. 设置组件

程序规划好后，先通过水平布局将界面框架结构搭好，然后添加按钮、标签、文本输入框、下拉列表框等组件。

01 新建项目　新建 App Inventor 项目，命名为 BianJian。

02 设置屏幕背景　上传背景图片素材，设置背景属性，效果如图 19-7 所示。

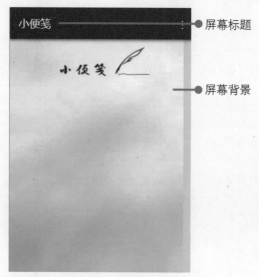

图 19-7　设置屏幕背景

03 添加组件　根据界面布局，添加所需的各个组件，效果如图 19-8 所示。

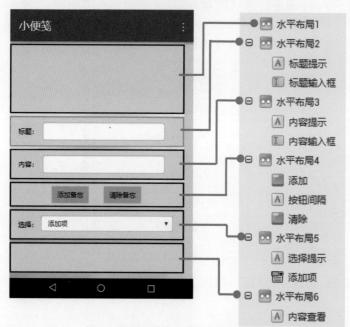

图 19-8　添加水平布局

04 设置组件属性　各组件属性如表 19-2 所示，根据表中内容在组件属性面板中设置
各组件属性。

表 19-2　"用户界面"组件属性

组件	所属组件组	命名	属性
水平布局	界面布局	水平布局 1	水平对齐：居左 宽度：充满；高度：120 像素
水平布局	界面布局	水平布局 2	水平对齐：居左 宽度：充满；高度：50 像素
标签	用户界面	标题提示	文本：标题： 宽度：15%
文本输入框	用户界面	标题输入框	提示：请在此简要输入标题 宽度：70%
水平布局	界面布局	水平布局 3	水平对齐：居左 宽度：充满；高度：50 像素
标签	用户界面	内容提示	文本：内容： 宽度：15%
文本输入框	用户界面	内容输入框	提示：请在此输入备忘详细内容 宽度：70%
水平布局	界面布局	水平布局 4	水平对齐：居中 宽度：充满；高度：40 像素
按钮	用户界面	添加	文本：添加备忘 背景颜色：橙色
按钮	用户界面	清除	文本：清除备忘 背景颜色：橙色
水平布局	界面布局	水平布局 5	水平对齐：居左 宽度：充满；高度：40 像素
标签	用户界面	选择提示	文本：选择： 宽度：15%
下拉列表框	用户界面	添加项	宽度：75%
水平布局	界面布局	水平布局 6	水平对齐：居中 宽度：充满；高度：40 像素
标签	用户界面	内容查看	宽度：85% 高度：40 像素
计时器	传感器	计时器 1	属性默认
微数据库	数据存储	微数据库 1	属性默认
信息对话框	用户界面	对话框 1	属性默认

05 测试完善布局 通过"AI 伴侣"，扫描二维码连接手机，实时测试，查看界面布局效果。

2. 逻辑设计

　　关键在于将文本输入框中输入的内容保存到微数据库，从微数据库中获取数据，以便在下拉列表框中显示，以及获取数据查看详细内容。

01 创建变量 单击"逻辑设计"工作面板，进入逻辑设计界面，创建全局变量，如图 19-9 所示。

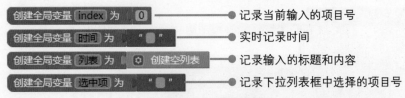

图 19-9　创建变量

02 **初始化屏幕** 在"模块"区单击 Screen1，拖入"当 Screen1. 初始化"，初始化变量 index，如图 19-10 所示。

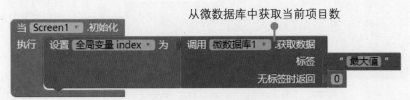

图 19-10　初始化屏幕

03 **定义过程"保存数据"** 定义新过程，在"微数据库 1"组件中拖入相应程序块，如图 19-11 所示，将输入的文本保存到数据库。

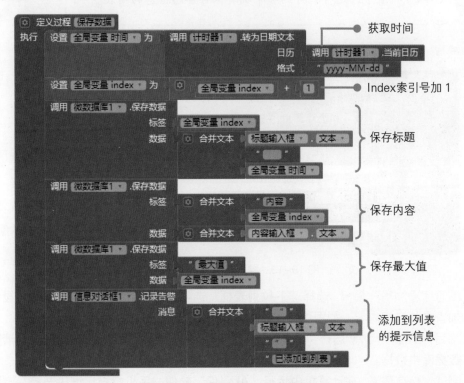

图 19-11　定义过程"保存数据"

04 **定义过程"添加项目"** 定义过程"添加项目"，如图 19-12 所示，将微数据库中各条数据逐条添加到下拉列表框中。

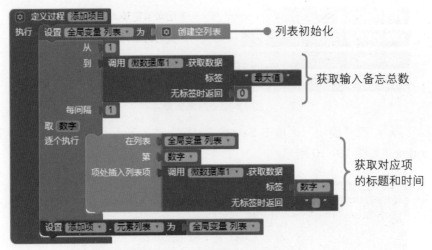

图 19-12　定义过程"添加项目"

提示　通过循环，依次获取保存在微数据库中的每一条备忘信息，并插入空列表中，这样就得到一个拥有保存备忘信息的列表。

05 编写"添加"按钮代码　给"添加"按钮组件添加代码，如图 19-13 所示。

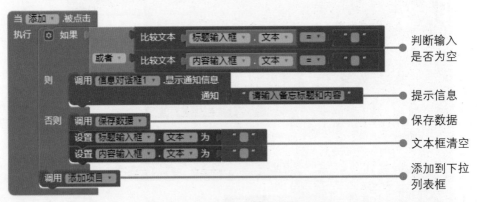

图 19-13　编写"添加"按钮代码

06 编写"添加项"代码　选择"下拉列表框"选项，获取数据库的相应数据，显示添加备忘的详细内容，如图 19-14 所示。

07 编写"清除"代码　选择"清除备忘"按钮，编写代码，如图 19-15 所示，清除微数据库中数据。

08 测试、保存程序　在计算机中运行"AI 伴侣"软件，手机扫描二维码连接，测试程序，完善保存项目文件。

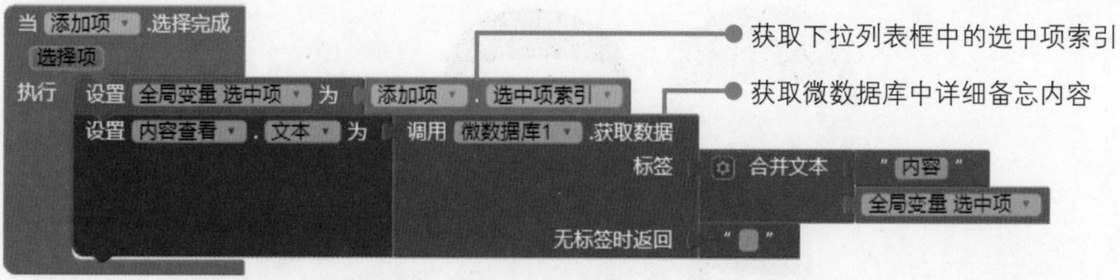

图 19-14　编写"添加项"代码

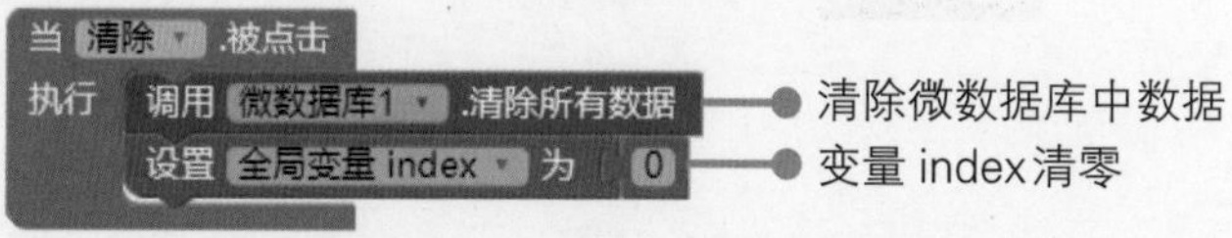

获取下拉列表框中的选中项索引

获取微数据库中详细备忘内容

图 19-15　编写"清除"代码

清除微数据库中数据

变量 index 清零

拓展延伸

1. 作品优化

本案例在清除备忘时，微数据库中的数据被删除，但已添加到下拉列表框中的选项没有被删除，请你完善清除备忘的代码，清除所有已添加的备忘内容（参考图 19-16 所示方法）。

图 19-16　清除所有备忘内容

2. 拓展创新

本案例只能清除所有备忘，不能实现删除某条备忘记录，如果要在下拉列表框中选择备忘记录，提示查看备忘还是删除备忘，该怎样实现呢？提示：在"添加项选择完成"事件里，添加"选择"对话框，给用户选择"查看"还是"删除"，再根据具体的选择进行查看或删除。

第 20 课　知识竞赛考考你

你参加过知识竞赛吗？通过什么方式，是不是老师提问，学生回答。这样只有部分同学能够参加，如果可以使用 APP 来作答，大家都能参与，而且能快速知道回答是否正确，岂不妙哉！

扫一扫，看视频

🔖 体验中心

1. 程序体验

连接手机，首先运行"出题端"程序，尝试添加试题和答案，再运行"答题端"程序，测试回答问题，检测答案是否正确，如图 20-1 所示。

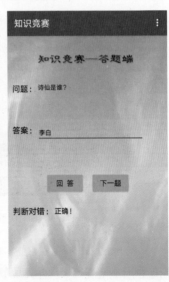

图 20-1　程序体验

2. 问题思考

问题 1：添加的问题和答案保存在哪里？

问题 2：答题端的问题怎样获取？

问题 3：回答的答案如何检测对与错？

程序规划

1. 功能规划

在出题端录入问题和答案，保存到数据库中，并在屏幕下方逐条显示，然后再打开答题端，根据显示的问题做出回答，能实时检测回答是否正确。

2. 界面规划

根据上述功能规划，本案例需要 2 个应用程序，分别进行设计，考虑是一个应用软件的 2 个应用终端，界面设计风格一致。仿照图 20-2 所示，自己设计一张草图。

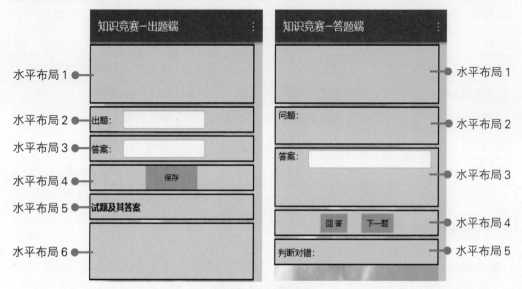

图 20-2　界面设计

3. 组件规划

案例中的出题端需要 2 个"文本输入框"、1 个"按钮"、若干"标签"。此外，还要用到"网络微数据库"实现网络存储，用户界面组件如表 20-1 所示。

表 20-1　"用户界面"组件列表

组件类型	名称	作用
A 标签	出题提示	显示"出题："文本
A 标签	答案提示	显示"答案："文本
A 标签	试题答案提示	显示"试题及其答案："文本
A 标签	内容	显示录入的问题和答案
I 文本输入框	问题输入框	输入问题标题
I 文本输入框	答案输入框	输入答案内容
按钮	保存按钮	保存数据
网络微数据库	网络微数据库 1	存储添加的问题和答案

另外，答题端需要 1 个"文本输入框"、2 个"按钮"、若干"标签"、1 个"网络微数据库"组件，具体用户界面组件如表 20-2 所示。

表 20-2 **"用户界面"组件列表**

组件类型	名称	作用
A 标签	问题提示	显示"问题："文本
A 标签	问题	显示问题描述内容
A 标签	答案提示	显示"答案："文本
A 标签	判断对错	显示"判断对错："文本
A 标签	内容	显示判断结果
A 标签	按钮间隔	无内容，用来隔开按钮
I 文本输入框	答案输入框	输入回答的答案
按钮	回答按钮	确认回答
按钮	下一题按钮	切换下一个问题
网络微数据库	网络微数据库 1	从数据库中读取数据

算法设计

1. 执行顺序

本案例要开发 2 个应用程序，所以要分别运行软件，程序执行步骤如图 20-3 所示。

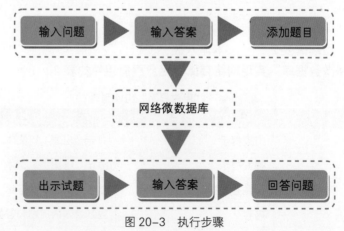

图 20-3 执行步骤

2. 算法与流程

通过前面的分析可知，本案例的关键是将试题和答案添加到网络微数据库中，答题端从网络微数据库中读取数据，具体算法流程图如图 20-4 所示。

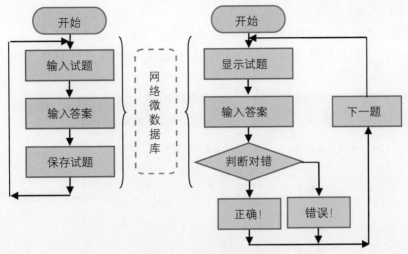

图 20-4　算法程序流程图

💡 技术要点

1. 网络微数据库服务器

在 App Inventor 程序设计中，官网提供的免费服务器地址：http://tinywebdb. 17coding.net，专门为 App Inventor 2 安卓开发环境而设计，其目的是使 App Inventor 所开发的移动应用能够实现网络数据通信功能，既可以保存数据，也可以读取数据。

2. 网络微服务器设置方法

网络微服务器地址需要先设置好，一般有两种方法。可以在"组件属性"中设置，也可以在"逻辑设计"中通过程序代码设置，设置方法如图 20-5 所示。

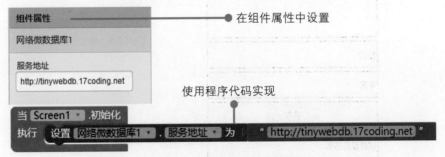

图 20-5　网络微服务器设置方法

💡 编写程序

1. 设置组件

规划好案例中的 2 个程序，分别设计界面，使用水平布局搭建框架，再添加按钮、标签、文本输入框等组件。

01 新建项目 新建 2 个项目，分别命名为 JingSai_CT 和 JingSai_DT。

02 设置屏幕背景 上传背景图片素材，分别设置 2 个项目的背景属性，效果如图 20-6 所示。

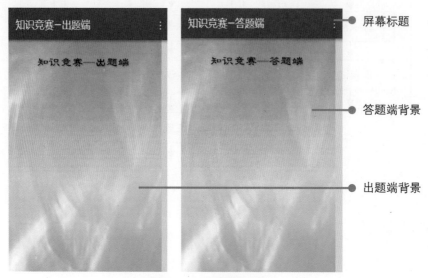

图 20-6 设置屏幕背景

03 添加出题端组件 打开出题端项目，根据界面布局，添加所需的各个组件，效果如图 20-7 所示。

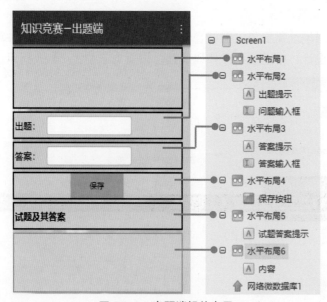

图 20-7 出题端组件布局

04 设置出题端组件属性 出题端各组件属性如表 20-3 所示，根据表中内容在组件属性面板中设置各组件属性。

表 20-3　"出题端"组件属性

组件	所属组件组	命名	属性
水平布局	界面布局	水平布局 1	宽度：充满；高度：100 像素
水平布局	界面布局	水平布局 2	垂直对齐：居中 宽度：充满；高度：10%
标签	用户界面	出题提示	文本：出题：
文本输入框	用户界面	出题输入框	提示：请在此输入试题描述
水平布局	界面布局	水平布局 3	垂直对齐：居中 宽度：充满；高度：10%
标签	用户界面	答案提示	文本：内容：
文本输入框	用户界面	答案输入框	提示：请在此输入试题答案
水平布局	界面布局	水平布局 4	水平对齐：居中 宽度：充满；高度：10%
按钮	用户界面	保存按钮	文本：保存 背景颜色：橙色 宽度：100 像素　高度：40 像素
水平布局	界面布局	水平布局 5	宽度：充满；高度：10%
标签	用户界面	试题答案提示	文本：试题及其答案：
水平布局	界面布局	水平布局 6	宽度：充满；高度：充满
标签	用户界面	内容	文本：空
网络微数据库	数据存储	网络微数据库 1	服务地址： http://tinywebdb.17coding.net

05 添加答题端组件　打开答题端项目，根据界面布局，添加所需的各个组件，效果如图 20-8 所示。

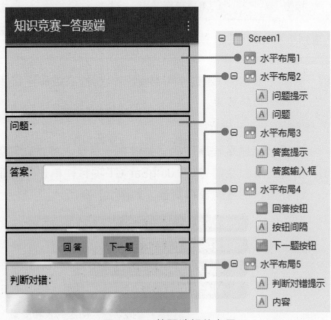

图 20-8　答题端组件布局

06 设置答题端组件属性 答题端各组件属性如表 20-4 所示，根据表中内容在组件属性面板中设置各组件属性。

表 20-4 **"答题端"组件属性**

组件	所属组件组	命名	属性
水平布局	界面布局	水平布局 1	宽度：充满；高度：100 像素
水平布局	界面布局	水平布局 2	垂直对齐：居上 宽度：充满；高度：15%
A 标签	用户界面	问题提示	文本：问题：
水平布局	界面布局	水平布局 3	垂直对齐：居上 宽度：充满；高度：100 像素
A 标签	用户界面	答案提示	文本：答案：
文本输入框	用户界面	答案输入框	提示：请在此输入问题答案 宽度：240 像素；高度：自动
水平布局	界面布局	水平布局 4	水平对齐：居中 宽度：充满；高度：10%
按钮	用户界面	回答按钮	文本：回答 背景颜色：橙色
按钮	用户界面	下一题按钮	文本：下一题 背景颜色：橙色
水平布局	界面布局	水平布局 5	宽度：充满；高度：10%
A 标签	用户界面	判断对错提示	文本：判断对错：
A 标签	用户界面	内容	文本：空
网络微数据库	数据存储	网络微数据库 1	服务地址： http://tinywebdb.17coding.net

07 测试完善布局 通过"AI 伴侣"，扫描二维码连接手机，实时测试，查看 2 个项目的界面布局效果。

2. 逻辑设计——出题端

先设计出题端程序代码，关键在于将录入的试题和答案保存到网络微服务器。

01 创建列表和变量 打开 JingSai_CT 项目，单击"逻辑设计"工作面板，进入逻辑设计界面，创建列表和变量，如图 20-9 所示。

图 20-9 创建列表和变量

02 初始化屏幕　在"模块"区单击 Screen1，拖入"当 Screen1.初始化"，设置"网络微数据库 1.获取数据"标签，如图 20-10 所示。

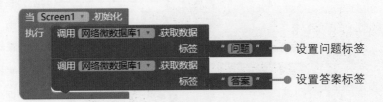

图 20-10　初始化屏幕

03 定义过程　定义新过程，用来显示问题及答案，如图 20-11 所示，将输入的文本保存到数据库。

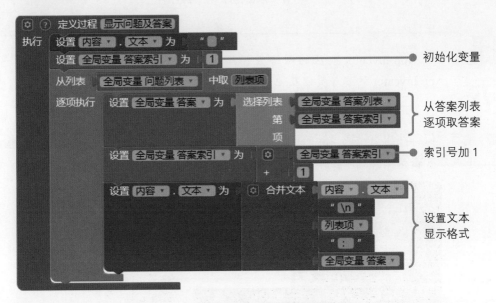

图 20-11　定义过程"显示问题及答案"

提示　　　为了控制显示格式，逐条显示问题与答案，以确保问题与答案两个列表数据一致，需要定义一个索引号变量。

04 从数据库加载数据　选择"网络微数据库"组件，从数据库中加载对应标签的数据，如图 20-12 所示。

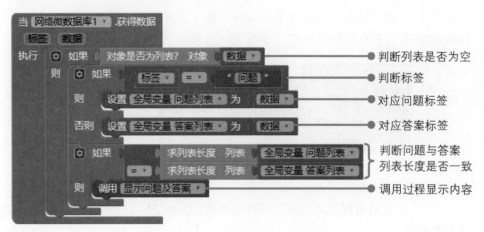

图 20-12　从数据库中加载数据

> **提示**　App Inventor 默认的网络数据库服务是一个开放的服务，使用 App Inventor 的程序员以及他们创建的各类应用共享该服务。

05 编写"保存按钮"代码　给"保存按钮"组件添加代码，如图 20-13 所示，将输入的问题和答案上传到网络微数据库。

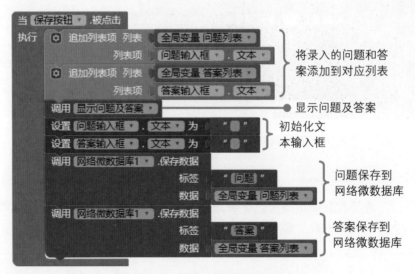

图 20-13　编写"保存按钮"代码

3. 逻辑设计——答题端

出题端应用设计完毕，再设计答题端程序代码，需要从网络微数据库中获取试题和答案，检测用户输入的答案是否正确。

01　创建列表和变量　打开 JingSai_DT 项目，进入逻辑设计界面，创建列表和变量，如图 20-14 所示。

图 20-14　创建列表和变量

02　初始化屏幕　设置网络微数据库获取数据标签，如图 20-15 所示。

图 20-15　初始化屏幕

03　从数据库加载数据　选择组件"网络微数据库"，从数据库中加载对应标签的数据，如图 20-16 所示。

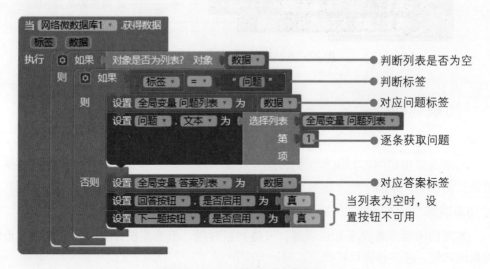

图 20-16　从数据库中加载数据

04　编写"回答按钮"代码　选择"回答按钮"，编写代码如图 20-17 所示，判断输入答案是否正确，并做出响应。

05　编写"下一题按钮"代码　选择"下一题按钮"，编写代码切换题目，如图 20-18 所示。

06　测试、保存程序　在计算机中运行"AI 伴侣"软件，手机扫描二维码连接，分别测试 2 个项目，调试程序，保存项目。

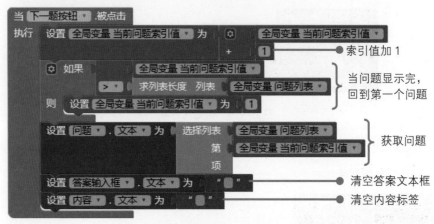

图 20-17 编写 "回答按钮" 代码

图 20-18 编写 "下一题按钮" 代码

拓展延伸

1. 作品优化

出题端应用程序，如果添加的试题或答案有错，需要删除记录，你能分析程序，尝试优化作品，添加一个 "删除" 按钮，根据输入的题号删除对应的试题和答案吗？

2. 拓展创新

本案例的程序若用于知识竞赛，只能判断对错，但不能统计分数，你能进一步增加案例功能，能够根据回答情况实时计分吗？

第 21 课 零碎时间记单词

学习英语要有一定的词库量，现在通过手机背单词已不是新鲜事，比如百词斩、开心词场等。现在我们学习了 App Inventor，完全可以自己开发一个记单词的程序，一起来体验吧！

扫一扫，看视频

💡 体验中心

1. 程序体验

连接手机，运行"记单词"程序，测试一下你能答对多少英文单词，一遍不清楚可以再来一遍，如图21-1所示。

图 21-1　程序体验

2. 问题思考

问题 1：英语单词库是通过什么保存的？

问题 2：如何随机选择单词？

问题 3：怎样朗读单词，发出语音呢？

📖 程序规划

1. 功能规划

点击 NEXT 按钮，随机播放单词语音，根据需求选择是否显示中文或英文，通过点击"再来一遍"按钮可以重复播音。

2. 界面规划

根据上述功能描述,通过水平布局规划界面,仿照图21-2所示,自己设计一张草图。

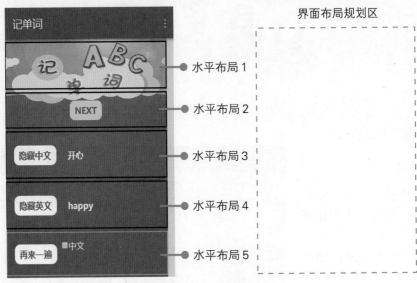

图 21-2　界面设计

3. 组件规划

本案例除了需要按钮、标签组件外,还需要"文件管理器"和"百度语音合成器"组件,用户界面组件如表 21-1 所示。

表 21-1　　**"用户界面"组件列表**

组件类型	名称	作用
按钮	NEXT	随机选择单词播报语音
按钮	中文	中文显示开关按钮
标签	标签_中文	显示中文解释
按钮	英文	英文显示开关按钮
标签	标签_英文	显示英文单词
标签	内容	显示录入的问题和答案
按钮	重复	重新播放语音
复选框	复选框 1	切换播放中文还是英文
文件管理器	文件管理器 1	存储单词词库
百度语音合成	百度语音合成 1	将文本转换为语音

算法设计

1. 执行顺序

本案例创建英文单词库，从库中随机选择单词进行播放，具体程序执行步骤如图 21-3 所示。

图 21-3　执行步骤

2. 算法与流程

通过前面的分析可知，本案例需要将单词库事先准备好，再通过文件管理器读取到列表，从列表中随机选取单词，具体算法流程图如图 21-4 所示。

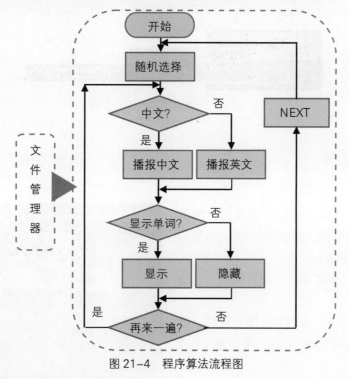

图 21-4　程序算法流程图

技术要点

1. 英文词库准备

英文单词数量多达两三千，直接使用列表不太方便，可以使用 Excel 软件制作成表，然后另存为 CSV 格式，如图 21-5 所示，将文件上传到 App Inventor 素材库备用。

图 21-5　Excel 表格转 CSV 文本

2. 从文件管理器获取数据

　　本案例没有使用数据库组件来存储单词，而是使用 CSV 文件存储单词，需要借助文件管理器组件获取数据，关键在于路径设置，安卓手机一般存储卡路径为 /sdcard/AppInventor/data/english.csv，当使用"AI 伴侣"调试时，文件路径可设置为 /AppInventor/assets/english.csv，也可用相对路径，如图 21-6 所示。

图 21-6　从文件管理器获取数据

💡 编写程序

1. 设置组件

　　程序规划好后，分别设计界面，使用水平布局搭建框架，再添加按钮、标签、文本输入框等组件。

01 新建项目　新建项目，项目文件命名为 JiDanCi。

02 设置屏幕背景　上传背景图片素材，设置项目的背景属性，效果如图 21-7 所示。

03 添加组件　根据界面布局，添加所需的各个组件，效果如图 21-8 所示。

04 设置组件属性　各组件属性如表 21-2 所示，根据表中内容在组件属性面板中设置各组件属性。

图 21-7　设置屏幕背景

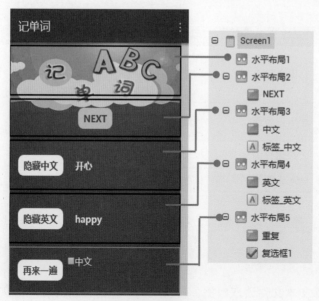

图 21-8　组件布局

表 21-2　"界面布局"组件属性

组件	所属组件组	命名	属性
水平布局	界面布局	水平布局 1	宽度：充满；高度：80 像素
水平布局	界面布局	水平布局 2	水平对齐：居中；垂直对齐：居中 宽度：充满；高度：60 像素
按钮	用户界面	NEXT	文本：NEXT 文本颜色：红色；字号：18 背景颜色：黄色；形状：圆角
水平布局	界面布局	水平布局 3	垂直对齐：居中 宽度：充满；高度：80 像素
按钮	用户界面	中文	文本：隐藏中文 文本颜色：红色；字号：18 背景颜色：白色；形状：圆角
标签	用户界面	标签_中文	文本：开心 文本颜色：白色；字号：18
水平布局	界面布局	水平布局 4	垂直对齐：居中 宽度：充满；高度：80 像素
按钮	用户界面	英文	文本：隐藏英文 文本颜色：红色；字号：18 背景颜色：白色；形状：圆角
标签	用户界面	标签_英文	文本：happy 文本颜色：白色；字号：18
水平布局	界面布局	水平布局 5	垂直对齐：居中 宽度：充满；高度：充满

（续表）

组件	所属组件组	命名	属性
▦ 按钮	用户界面	重复	文本：再来一遍 文本颜色：红色；字号：18 背景颜色：白色；形状：圆角
☑ 复选框	用户界面	复选框1	文本：中文 文本颜色：红色；字号：18
▤ 文件管理器	数据存储	文件管理器1	无
☞ 百度语音合成	人工智能	百度语音合成1	默认设置

05 测试完善布局　通过"AI 伴侣"，扫描二维码连接手机，实时测试，查看项目的界面布局效果。

2. 逻辑设计

　　首先从单词库文本文件读取数据，转换成列表，再分别实现"中文""英文""重复"和 NEXT 几个按钮的功能。

01 创建列表和变量　单击"逻辑设计"工作面板，进入逻辑设计界面，创建列表和变量，如图 21-9 所示。

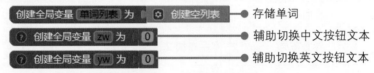

图 21-9　创建列表和变量

02 从文件管理器中读取数据　在"模块"区单击 Screen1，使用文件管理器读取文件，转换成列表，如图 21-10 所示。

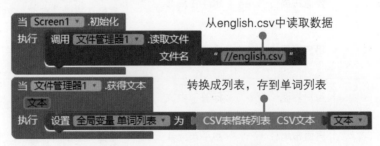

图 21-10　从文件管理器中读取数据

提示

　　此处为了使用"AI 伴侣"测试，使用的是相对路径，若要打包 apk，则需要修改路径为：/sdcard/AppInventor/data/english.csv。

03 编写"NEXT"按钮代码　选择"NEXT"按钮，当按钮被点击时，随机出示单词并朗读，程序代码如图 21-11 所示。

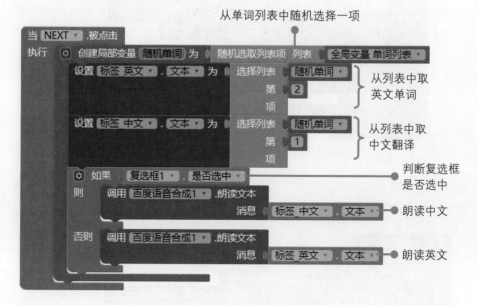

图 21-11　编写"NEXT"按钮代码

04 编写"中文"按钮代码　选择"中文"按钮，编写代码控制译文是否显示，如图 21-12 所示。

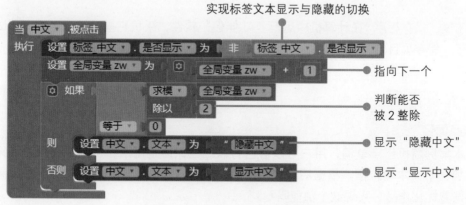

图 21-12　编写"中文"按钮代码

05 编写"英文"按钮代码　复制"中文"按钮代码，修改代码，如图 21-13 所示。

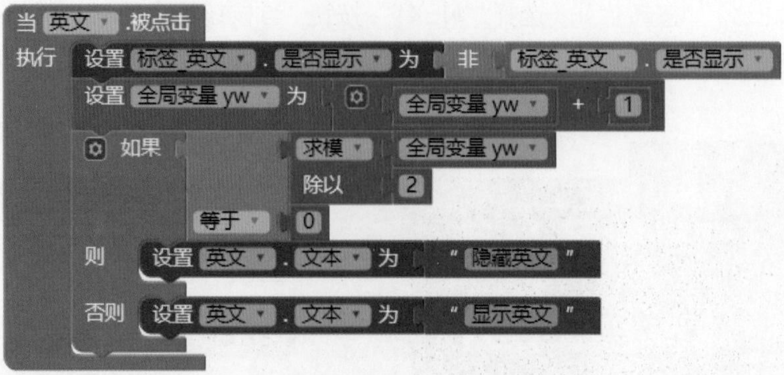

图 21-13　编写"英文"按钮代码

06　编写"重复"按钮代码　选择"重复"按钮，编写代码，点击按钮重复朗读，如图 21-14 所示。

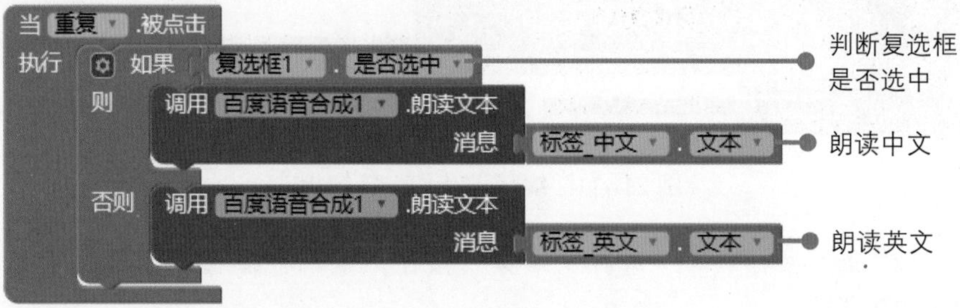

图 21-14　编写"重复"按钮代码

07　测试、保存程序　在计算机中运行"AI 伴侣"软件，手机扫描二维码连接，调试程序，保存项目。

拓展延伸

1. 作品优化

本案例随机出示单词，用户可以自己背诵记忆，但是无法检测掌握情况，如果可以添加一个文本输入框，根据朗读语音书写单词，及时判断对错，会有更好的效果，你能试着优化作品，实现这个功能吗？

2. 拓展创新

本案例中借助"百度语音合成器"进行朗读，该组件可以选择不同人声播报，如果给作品添加选择声音的选项，满足不同用户的需求，请试着做一做。

第 8 单元

游戏动画玩中学

我们已经探索和解决了 App Inventor 2 的许多问题，本单元将走进魅力无穷的游戏、动画王国，运用 App Inventor 2 可以轻松制作出经典的游戏、酷炫的动画效果。

本单元设计了 3 个活动来学习多屏界面的实现，认识图像精灵、球形精灵及其反弹和碰撞处理，并通过综合前面所学实现动画效果。

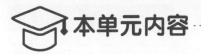 本单元内容

扫一扫，看视频

第 22 课　一个苹果都不少

　　游戏"接苹果"是考验玩家准确性和反应速度的一款小游戏。苹果从屏幕的上方往下落，需要玩家控制果篮准确接住落下来的每一个苹果。

📖 体验中心

1. 程序体验

　　使用"AI 伴侣"软件运行"接苹果"程序，拖动果篮左右移动来接住下落的苹果。如图 22-1 所示，如果接住了苹果，提示"接住了一个苹果，加 10 分"，否则提示"很遗憾，掉了一个苹果，减 30 分"。试一试你能得多少分？

标题栏 ●

得分 ●

游戏提示 ●

图 22-1　程序体验

2. 问题思考

问题 1：苹果下落的动画如何实现？

问题 2：苹果被接住后消失了，如何显示下一个？

问题 3：如何控制果篮只能左右移动？

程序规划

1. 功能规划

苹果从屏幕上方往下落，拖动果篮左右移动"接住"苹果后，累加得分并提示，如果没有接住苹果，减分并提示。

2. 界面规划

从功能描述中，我们可以看到要实现果篮接苹果的功能，同时显示出得分和游戏提示，必须由标签和图像精灵来实现。各组件布局可以仿照图 22-2 所示，设计并画出界面布局草图。

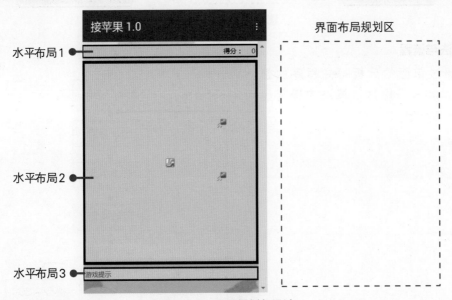

图 22-2　界面规划与设计

3. 组件规划

根据程序功能的需要，在用户界面中，使用标签来显示得分和游戏提示；使用图像精灵制作苹果和果篮；使用计时器控制显示下一个苹果。具体的用户界面组件如表 22-1 所示。

表 22-1　"用户界面"组件列表

组件类型	名称	作用
🅰 标签	得分提示	显示"得分："文本
🅰 标签	得分	显示变量得分数
🅰 标签	游戏提示	显示接住 (未接住) 苹果提示
画布	画布 1	放置图像精灵
图像精灵	果篮	控制左右移动，实现接苹果效果
图像精灵	苹果	显示苹果造型，实现下落效果
计时器	计时器 _ 更新苹果	显示下一个苹果

💡 算法设计

1. 执行顺序

程序执行步骤如图 22-3 所示。

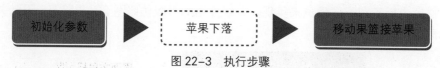

图 22-3　执行步骤

2. 算法与流程

通过前面的分析可知程序的整体流程和执行顺序，算法流程图如图 22-4 所示。

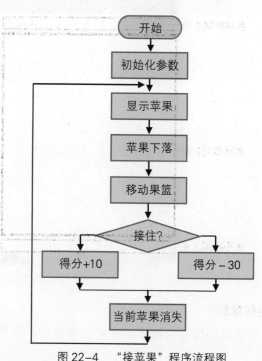

图 22-4　"接苹果"程序流程图

💡 技术要点

1. 图像精灵

图像精灵只能被放置在画布内，它可以响应触摸和拖动事件，与其他精灵(球和其他图像精灵)和画布边界产生交互，根据属性值进行移动。它的外观由图片属性所设定的图像决定(除非将"可见"属性设置为"假")。图像精灵常用属性如下。

♡ **启用** 当精灵的速度不为 0 时，控制精灵是否可以移动。

♡ **方向** 返回精灵相对于 x 轴正方向之间的角度来表示的方向。0° 指向屏幕的右方，90° 指向屏幕的顶端。

♡ **高度** 设置图像精灵的高度。

♡ **宽度** 设置图像精灵的宽度。

♡ **间隔** 以毫秒数表示精灵位置更新的时间间隔。

♡ **图片** 决定精灵的外观。

♡ **旋转** 选中，精灵图像将随着精灵的方向改变而改变。

♡ **速度** 设置精灵移动的速度，即精灵在每个间隔内移动多少像素。

♡ **显示状态** 决定精灵在用户界面上是否可见。

♡ **X 坐标** 设置精灵左侧边界的水平坐标，向右为增大。

♡ **Y 坐标** 设置精灵顶部边界的垂直坐标，向下为增大。

♡ **Z 坐标** 设置相对于其他精灵，精灵如何分层，高层级精灵在前，低层级精灵在后。

2. 屏幕的边界值

到达边界判定是事件处理中常见的问题。在 App Inventor 2 中屏幕的边界有 8 个方向，分别对应 8 个值，如图 22-5 所示。

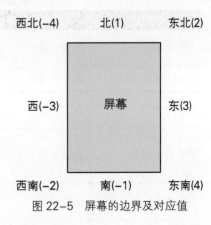

图 22-5　屏幕的边界及对应值

💡 编写程序

1. 设置组件

规划好程序后，要先添加组件，并设置组件属性。本案例需要设置背景、添加界面布局中的水平布局，添加标签、画布、图像精灵及计时器。

01 新建项目 新建 App Inventor 项目，命名为 JiePingGuo。

02 添加组件并上传素材 根据界面规划添加所需的组件，如图 22-6 所示上传 beijing.jpg、kuang.png、pingguo.png 文件素材。

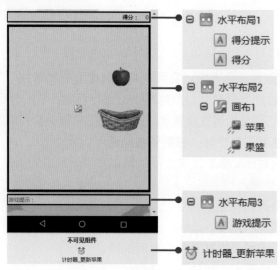

图 22-6　"接苹果"所需组件

03 **设置屏幕属性** 单击选中组件列表中的"Screen1"后设置其属性：应用名称为"接苹果 1.0"；标题为"接苹果 1.0"；背景图片为 beijing.jpg；是否显示状态栏为"否"。组件其他属性为默认设置。

04 **设置组件属性** 各组件属性如表 22-2 所示，根据表中内容在组件属性面板中设置各组件属性。

表 22-2　"用户界面"组件属性

组件	所属组件组	命名	属性
水平布局	界面布局	水平布局 1	水平对齐：居右 宽度：充满
标签	用户界面	得分提示	文本："得分："
标签	用户界面	得分	文本颜色：红色 文本：0
水平布局	界面布局	水平布局 2	水平对齐：居中 宽度：充满 高度：80%
画布	绘图动画	画布 1	宽度：充满 高度：充满
图像精灵	绘图动画	苹果	图片：pingguo.png 宽度：40 像素 高度：40 像素
图像精灵	绘图动画	果篮	图片：kuang.png 宽度：100 像素 高度：50 像素
水平布局	界面布局	水平布局 3	宽度：充满
标签	用户界面	游戏提示	文本：游戏提示

05　完善组件　保存项目，运行并连接"AI 伴侣"，预览效果，再根据预览情况，修改各组件属性，完善布局。

2. 逻辑设计

添加并设置好组件属性后，根据算法对组件进行逻辑设计，即对组件设置程序，完成规划功能。

01　设置"得分"变量　切换"组件设计"工作面板到"逻辑设计"工作面板，按图 22-7 所示操作，创建全局变量"得分"。

创建全局变量 得分 为 0

图 22-7　设置"得分"变量

02　设置果篮代码　拖动果篮控制其移动，果篮的 X 坐标随拖动后的 X 坐标变化而变化，Y 坐标固定，实现只能左右移动果篮的效果，代码如图 22-8 所示。

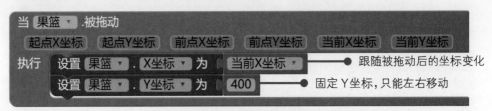

图 22-8　设置果篮代码

03　设置苹果被碰撞代码　苹果被碰撞的算法是当苹果被碰撞，判断碰撞的是不是果篮，如果"是"说明苹果被接住。添加如图 22-9 所示代码，实现隐藏苹果、更新得分、更新游戏提示等功能。

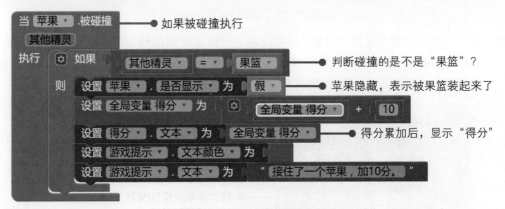

图 22-9　设置苹果碰撞代码

04　设置苹果到达边界代码　苹果到达边界的算法是当苹果到达边界，判断是不是下边界，如果"是"表示苹果没有被果篮接住。添加如图 22-10 所示代码，实现隐藏当前苹果，更新得分、更新游戏提示等功能。

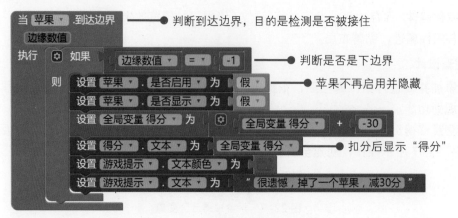

图 22-10　设置苹果到达边界代码

05 **设置计时器代码**　使用计时器可以每间隔一定时间就检测当前苹果是否还在，如果不在，则在初始位置重新显示一个苹果。添加如图 22-11 所示代码，实现重新在初始位置显示一个苹果的功能。

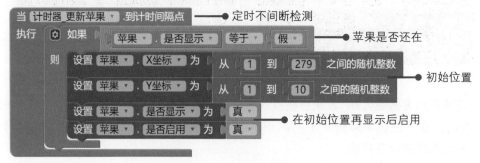

图 22-11　设置计时器代码

06 **定义过程"设置苹果运动状态"**　通过定义过程实现图形精灵的方向、速度、间隔、坐标等参数的设定。设置好后即可实现指定要求的运动方式，添加如图 22-12 所示代码，实现苹果从初始位置向下移动的功能。

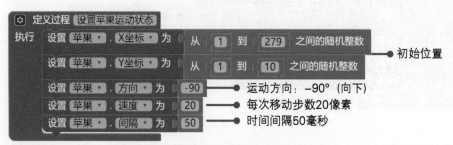

图 22-12　定义过程"设置苹果运动状态"

07 **设置屏幕初始化代码**　程序启动后，苹果、果篮、变量、计时器、各标签设置初始状态，添加如图 22-13 所示代码，实现游戏初始状态设置。

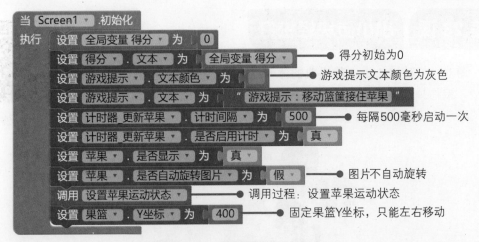

图 22-13　设置屏幕初始化代码

08 测试程序 运行 "AI伴侣"，输入代码连接后，测试完成后保存项目并生成APK文件。

💡 拓展延伸

1. 作品优化

　　游戏在运行过程中，对接住、没接住苹果分别进行了加分、减分的处理。其得分可以进行一定的功能优化，以增加游戏的趣味性，例如，得分达到不同的分数后，游戏提示不同的文字信息。如图 22-14 所示代码，实现当得分达到 100 分时，游戏提示：哟！不错哦！

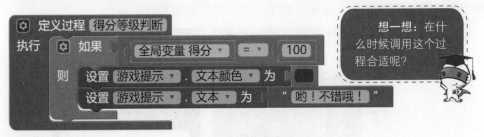

图 22-14　优化代码

想一想：在什么时候调用这个过程合适呢？

2. 拓展创新

　　案例中每次只针对一个苹果下落，难度稍显简单，你能添加更多的苹果实现多个苹果同时下落吗？提示：增加图像精灵和对应控制其显示的计时器，每个苹果和计时器的算法和第一个苹果是相同的，试一试吧！

第23课　小小砖块轻松打

扫一扫，看视频

　　游戏"打砖块"是一款经典的休闲小游戏，玩家控制挡板左右移动，接住掉落下来的小球，使小球反弹回去击打砖块，击打完所有的砖块完成游戏。

体验中心

1. 程序体验

　　使用"AI 伴侣"软件运行"打砖块"程序，点击"开始"按钮后，滑动控制挡板接住小球。如果没接住，游戏失败，提示本次得的分数。如果接住了，小球反弹回去继续击打砖块。打完所有砖块后，游戏结束，提示游戏闯关成功，如图 23-1 所示。若想中途结束可以直接点击"结束"按钮。试一试你能闯关成功吗？

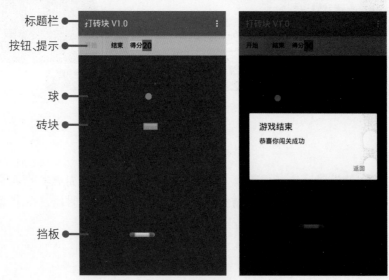

图 23-1　程序体验

2. 问题思考

问题 1：如何让球不断地反弹呢？

问题 2：球的运动速度和方向是如何控制的？

问题 3：游戏结束的提示对话框是如何实现的？

想一想：还有其他要关注的问题吗？

程序规划

1. 功能规划

点击"开始"按钮后，游戏开始。球移动的过程中，拖动挡板来阻挡球掉落到下边界。如果碰到下边界游戏失败，弹出游戏失败提示对话框。被挡板接住后，球反弹。如果碰到砖块，砖块被"击打掉"，累加得分，判断是否击打完（得分是否等于 30，每个砖块 10 分，3 个砖块 30 分），如果是，弹出"游戏成功"对话框。当想中途结束，可以点击"结束"按钮，弹出"游戏失败"对话框。

2. 界面规划

从功能描述中，可以看到要实现的游戏功能，需要制作"开始"和"结束"按钮，得分提示标签，添加图像精灵砖块，球形精灵球。各组件布局可以仿照图 23-2 所示，设计并画出界面布局草图。

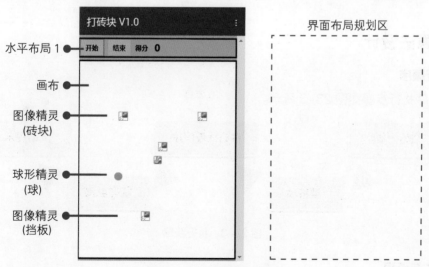

图 23-2　界面规划与设计

3. 组件规划

根据程序功能的需要，在用户界面中，规划了标签、按钮、图像精灵、球形精灵。要注意：标签和按钮放置在水平布局中，而图像精灵和球形精灵必须放置在画布中，所以要添加画布组件。提示用对话框是非可见组件。具体的用户界面组件如表 23-1 所示。

表 23-1   "用户界面"组件列表

组件类型	名称	作用
按钮	开始	点击后游戏开始
按钮	结束	点击后游戏结束
标签	文字 _ 得分	显示"得分："文本
标签	分数	显示变量分数
画布	画布 1	放置图像精灵
图像精灵	砖块 _1	固定位置，等待被击打
图像精灵	砖块 _2	固定位置，等待被击打
图像精灵	砖块 _3	固定位置，等待被击打
图像精灵	挡板	控制左右移动，实现阻挡球效果
球形精灵	球	根据精灵设置实现运动
对话框	对话框 1	显示游戏失败和成功提示信息

算法设计

1. 执行顺序

程序执行步骤如图 23-3 所示。

图 23-3　执行步骤

2. 算法与流程

通过前面的分析可知程序的整体流程和执行顺序，算法流程图如图 23-4 所示。

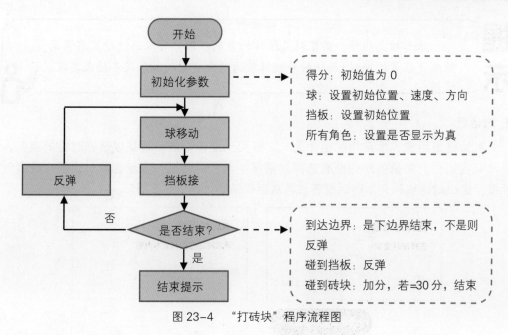

图 23-4　"打砖块"程序流程图

技术要点

1. 球形精灵

　　球形精灵是一个圆形精灵,和图像精灵一样也只能放置在画布上,可以响应触摸和拖动时间,与其他精灵(如图像精灵和其他球)和画布边界产生交互,根据属性值进行移动。球形精灵常用属性如表 23-2 所示。

表 23-2　球形精灵常用属性

属性	说明
启用	当精灵的速度不为 0 时,控制精灵是否可以移动
方向	返回精灵相对于 x 轴正方向之间的角度来表示的方向。0° 指向屏幕的右方,90° 指向屏幕的顶端
间隔	以毫秒数表示精灵位置更新的时间间隔,例如,间隔为 50,速度为 10,则精灵 50 毫秒移动 10 个像素
画笔颜色	设置颜色
半径	设置半径大小
速度	设置移动的速度,即精灵在每个间隔内移动多少像素
显示状态	决定在用户界面上是否可见
X 坐标	设置左侧边界的水平坐标,向右为增大
Y 坐标	设置顶部边界的垂直坐标,向下为增大
Z 坐标	设置相对于其他精灵,精灵如何分层,高层级精灵在前,低层级精灵在后

提示 球形精灵组件和图像精灵组件的差别：用户可以通过设置图像属性改变后者的外观，而球的外观只能通过改变它的颜色及半径来实现。

2. 对话框

对话框是用户界面常用的组件之一，多用于显示警告、消息以及临时性的通知，是非可视组件。常见的对话框有选择对话框、消息对话框、显示告警对话框、进度对话框、密码对话框和文本对话框等。各对话框造型如图 23-5 所示。

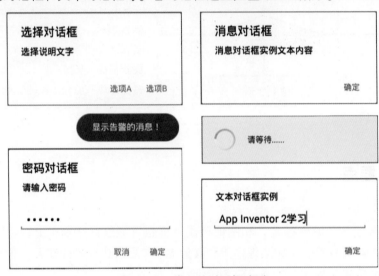

图 23-5　常见的对话框造型

💡 编写程序

1. 设置组件

规划好程序后，要先添加组件，并设置组件属性。本案例需要设置背景、添加界面布局中的水平布局，添加按钮、标签、画布、图像精灵、球形精灵及对话框。

01 新建项目　新建 App Inventor 项目，命名为 DaZhuanKuai。

02 添加组件　根据界面规划添加所需的组件，如图 23-6 所示，上传 beijing.png、dangban.png、zhuankuai1.png、zhuankuai2.png、zhuankuai3.png 文件素材。

03 设置屏幕属性　单击选中组件列表中的 "Screen1" 后设置其属性：应用名称为 "打砖块"；标题为 "打砖块 1.0"；背景图片为 beijing.png；是否显示状态栏为 "否"。组件其他属性为默认设置。

04 设置组件属性　各组件属性如表 23-3 所示，根据表中内容在组件属性面板中设置各组件属性。

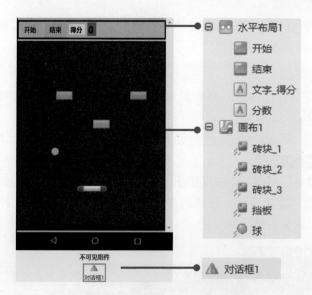

图 23-6　"打砖块"游戏所需组件

表 23-3　"用户界面"组件属性

组件	所属组件组	命名	属性
水平布局	界面布局	水平布局 1	水平对齐：居左 宽度：充满
按钮	用户界面	开始	文本：开始 背景颜色：青色
按钮	用户界面	结束	文本：结束 背景颜色：橙色
标签	用户界面	文字_得分	文本：得分 背景颜色：黄色
标签	用户界面	分数	文本：0 背景颜色：红色
画布	绘图动画	画布 1	宽度：充满；高度：充满 背景图片：beijing.png
图像精灵	绘图动画	砖块_1	图片：zhuankuai1.png X 坐标：80；Y 坐标：100
图像精灵	绘图动画	砖块_2	图片：zhuankuai2.png X 坐标：240；Y 坐标：100
图像精灵	绘图动画	砖块_3	图片：zhuankuai3.png X 坐标：160；Y 坐标：160
图像精灵	绘图动画	挡板	图片：dangban.png
球形精灵	绘图动画	球	是否可以离开画布：否 画笔颜色：青色 半径：8
对话框	用户界面	对话框 1	属性默认

05 **完善组件** 保存项目，运行并连接"AI 伴侣"，预览效果，可以根据预览情况，修改各组件属性，完善布局。

2. 逻辑设计

添加并设置好组件属性后，根据算法对组件进行逻辑设计，即对组件设置程序，完成规划功能。

01 **设置"得分"变量** 切换到"逻辑设计"工作面板，创建全局变量"得分" 创建全局变量 得分 为 0 。

02 **定义"结束提示"过程** "结束提示"分为两种情形：一是中途结束，失败提示；二是闯关成功，成功提示。结束时球和挡板均不启用，启用"开始"按钮，等待下一次开始，定义过程代码如图 23-7 所示。

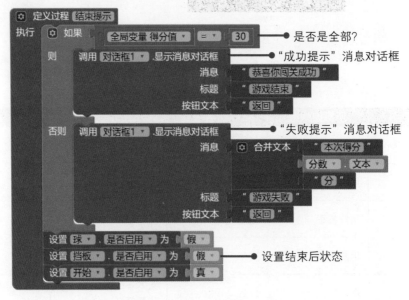

图 23-7 定义"结束提示"过程

03 **设置球被碰撞代码** 当球形精灵"球"被碰撞后，要改变方向，呈现反弹效果，代码如图 23-8 所示。

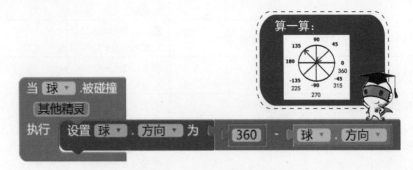

图 23-8 设置球被碰撞代码

04 **设置球到达边界代码**　球碰到边界后，要辨别是不是下边界 (下边界值为 –1)，如果是说明挡板没有接住球，游戏失败，调用结束提示过程。如果不是下边界则继续反弹，继续运行，代码如图 23–9 所示。

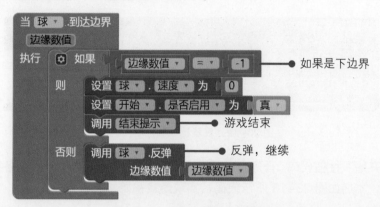

图 23–9　设置球到达边界代码

05 **设置砖块 1 代码**　砖块被碰撞后，得分加 10 分，判断得分是否等于 30 分，如果是则游戏成功，调用"结束提示"。砖块被击打后，要消失，所以不应再显示。添加如图 23–10 所示代码，实现砖块被碰撞功能。

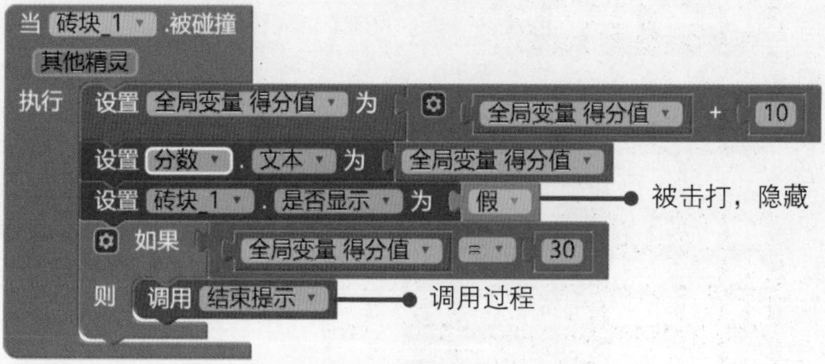

图 23–10　设置砖块 1 代码

06 **设置其他砖块代码**　其他 2 个砖块代码算法和砖块 1 相同，直接复制砖块 1 代码后，如图 23–11 所示修改代码中的参数即可，砖块 3 方法相同。

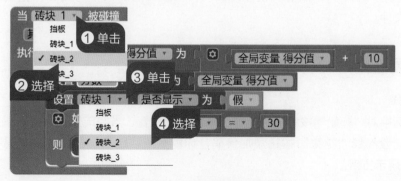

图 23–11　设置其他砖块代码

07 设置挡板被拖动代码 挡板只能左右移动，不能上下移动，所以其 Y 坐标固定，X 坐标随拖动后的坐标变化而变化，添加如图 23-12 所示代码，实现挡板被拖动代码功能。

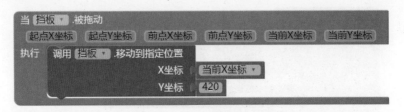

图 23-12 设置挡板被拖动代码

08 设置"开始"按钮代码 程序启动后，苹果、果篮、变量、计时器、各标签设置初始状态，添加如图 23-13 所示代码，实现游戏初始状态设置。

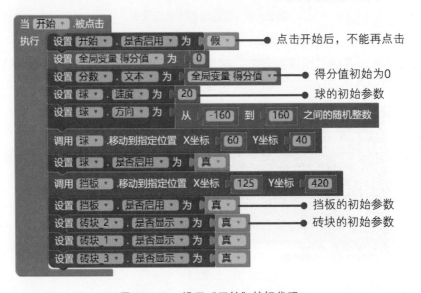

图 23-13 设置"开始"按钮代码

09 测试程序 运行"AI 伴侣"软件，输入代码连接后测试，完成后保存项目并生成 APK 文件。

拓展延伸

1. 作品优化

本案例中对"开始"按钮进行了详细的分析和设置，当完成游戏后，也进行了"结束提示"，没有给"结束"按钮添加代码，你能完成"结束"按钮的代码吗？参考如图 23-14 所示方法。

图 23-14　设置 "结束" 按钮代码

想一想：设置球和 "开始" 按钮状态的参数有什么意义？

2. 拓展创新

本案例中只给了 3 个砖块，你一定觉得很容易吧。你能否增加更多的砖块，排列出不同的造型，来进一步拓展游戏功能呢？提示：可以增加更多的图像精灵，设置方法如前 3 个砖块一样，注意游戏的最终得分也要同步修改哦！

第 24 课　比比谁的运气好

"掷骰子" 游戏是一款娱乐性游戏，在游戏中玩家通过骰子和机器人比较大小。游戏玩起来非常简单，简单的玩法和直观的操作保证了游戏的乐趣。

扫一扫，看视频

体验中心

1. 程序体验

使用 "AI 伴侣" 软件运行 "掷骰子" 程序。游戏启动后，首先展示的是游戏封面，点击 "跳过" 按钮开始游戏。点击 "开始游戏" 按钮，玩家和机器人的骰子同时转动。游戏根据玩家和机器人的骰子点数进行判断，并提示玩家 "你赢了！" "你输了！" "一样大！"，如图 24-1 所示。试一试你的运气如何？

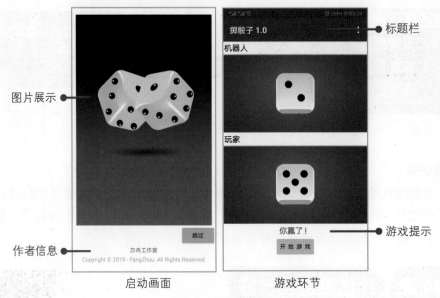

图 24-1　程序体验

2. 问题思考

问题 1：启动画面和游戏画面是同一个屏幕吗？

问题 2：如何添加屏幕？

问题 3：骰子滚动的动画效果是怎样实现的？

程序规划

1. 功能规划

　　游戏启动后，先展示游戏封面，封面上设置"跳过"按钮，点击按钮关闭封面，进入游戏环节画面。游戏环节画面分为 4 个部分，分别是：机器人骰子展示、玩家骰子展示、游戏提示和"开始游戏"按钮。点击"开始游戏"按钮后，骰子滚动动画效果持续 1 秒后，判断玩家与机器人点数大小，并提示判断结果。

2. 游戏封面界面规划

　　游戏封面内容为展示图片和创作者信息。跳过游戏封面方式可以用倒计时、按钮或者两者结合的方法，本案例选用单击按钮跳过封面。从功能描述中，我们可以看到要实现游戏功能，需要添加软件图片展示、"跳过"按钮、制作者信息提示标签。游戏封面各组件布局可以仿照图 24-2 所示，设计并画出界面布局草图。

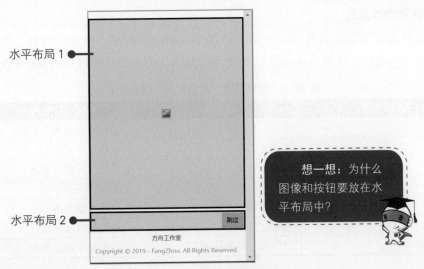

图 24-2　界面规划与设计

想一想：为什么图像和按钮要放在水平布局中？

3.游戏封面组件规划

根据游戏封面功能的需要，在用户界面中，规划了图像、标签、按钮。游戏封面具体的用户界面组件如表 24-1 所示。

表 24-1　游戏封面"用户界面"组件列表

组件类型	名称	作用
图像	图像_标识	软件相关图像展示
按钮	按钮_跳过	点击后跳到下一个屏幕
A 标签	文字_方舟	显示"方舟工作室"文本
A 标签	文字_版权	显示"Copyright © 2019 – FangZhou. All Rights Reserved."文本

4.游戏环节界面规划

从功能描述中，我们可以看到游戏环节需要制作机器人骰子区、玩家骰子区，判断结果提示和"开始游戏"按钮。各组件布局可以仿照图 24-3 所示，设计并画出界面布局草图。

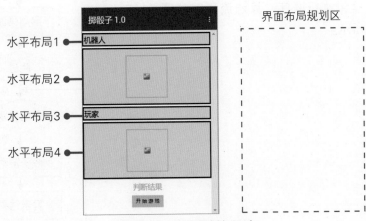

图 24-3　界面规划与设计

213

5. 游戏环节组件规划

根据游戏环节功能的需要，在用户界面中，规划了标签、图像、按钮、控制骰子动画播放的计时器，是非可见组件。游戏环节具体的用户界面组件如表 24-2 所示。

表 24-2　游戏环节"用户界面"组件列表

组件类型	名称	作用
A 标签	文字 _ 机器人	显示"机器人"文本
图像	骰子 _ 机器	显示骰子图片
A 标签	文字 _ 玩家	显示"玩家"文本
图像	骰子 _ 玩家	显示骰子图片
A 标签	判断结果	显示判断结果
按钮	按钮 _ 开始游戏	点击后游戏开始
计时器	计时器 _ 动画控制	控制骰子滚动动画

💡 算法设计

1. 执行顺序

程序执行步骤如图 24-4 所示。

图 24-4　执行步骤

2. 算法与流程

通过前面的分析可知程序的整体流程和执行顺序，算法流程图如图 24-5 所示。

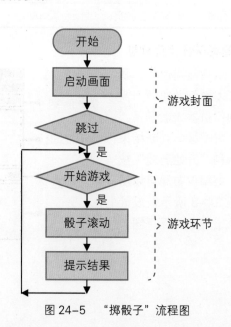

图 24-5　"掷骰子"流程图

💡 技术要点

1. 折叠代码块和展开代码块

在编写代码时,随着代码块越来越多,给写代码和查看代码带来了一定的"麻烦",
App Inventor 软件提供了"折叠代码块"功能,可以把代码块折叠起来,这样会清爽许多,
折叠代码块操作方法如图 24-6 所示。展开代码块和折叠代码块是相反的过程。

图 24-6　折叠代码块

2. 外接输入项和内嵌输入项

在编写代码时,有时候代码会太长或者太宽,App Inventor 软件提供了外接输入
项和内嵌输入项功能。外接输入项操作方法如图 24-7 所示,把太长的代码缩短。内嵌
输入项作用和外接输入项是相反的。

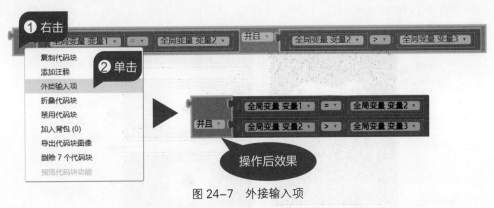

图 24-7　外接输入项

💡 编写程序

1. 设置组件

规划好程序后,要先添加组件,并设置组件属性。本案例有 2 个屏幕,要分别设置。
在 Screen1 屏幕,即游戏封面,添加并设置水平布局、按钮、标签、图像。另需增加
屏幕 Screen2,即游戏环节,在 Screen2 屏幕中添加并设置水平布局、标签、图像、按钮、
计时器。

01 新建项目 新建 App Inventor 项目，命名为 ZhiShaiZi。

02 增加屏幕 如图 24-8 所示，增加 "Screen2" 屏幕，作为游戏环节屏幕。

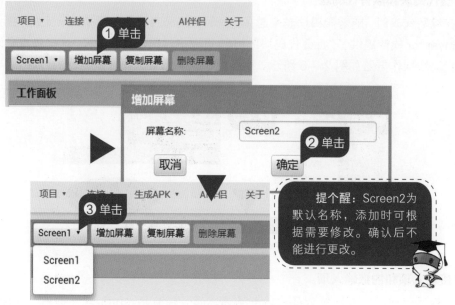

图 24-8 增加 "Screen2" 屏幕

03 添加组件并上传素材 根据界面规划添加所需的组件，如图 24-9 所示，并上传 beijing.jpg、fengmian.jpg、1.png、2.png、3.png、4.png、5.png、6.png 文件素材。

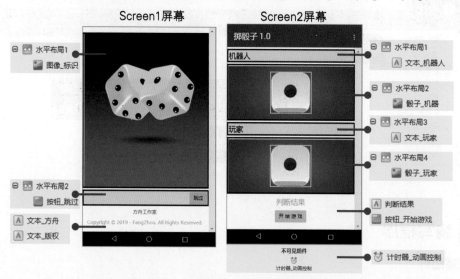

图 24-9 "掷骰子" 两个屏幕所需组件

04 设置 Screen1 屏幕属性 单击选中屏幕列表中的 "Screen1" 后设置其属性：应用 名称为 "掷骰子 1.0"；水平对齐为 "居中；是否显示状态栏和是否显示标题栏均 为 "否"，其他属性为默认设置。

05 设置 Screen1 屏幕组件属性　Screen1 屏幕各组件属性如表 24-3 所示，根据表中内容在组件属性面板中设置各组件属性。

表 24-3　Screen1 屏幕"用户界面"组件属性

组件	所属组件组	命名	属性
水平布局	界面布局	水平布局 1	宽度：充满；高度：80% 水平对齐：居中；垂直对齐：居中
图像	用户界面	图像 _ 标识	图片：fengmian.jpg
水平布局	界面布局	水平布局 2	宽度：充满；水平对齐：居右
按钮	用户界面	按钮 _ 跳过	文本：跳过；背景：浅灰
标签	用户界面	文字 _ 方舟	文本：方舟工作室 文本颜色：灰色
标签	用户界面	文字 _ 版权	文本：Copyright © 2019 – FangZhou. All Rights Reserved. 文本颜色：灰色

06 设置 Screen2 屏幕属性　单击选中屏幕列表中的"Screen2"后设置其属性：标题为"掷骰子 1.0"，水平对齐为"居中"，其他属性为默认设置。

07 设置 Screen2 屏幕组件属性　Screen2 屏幕各组件属性如表 24-4 所示，根据表中内容在组件属性面板中设置各组件属性。

表 24-4　Screen2 屏幕"用户界面"组件属性

组件	所属组件组	命名	属性
水平布局	界面布局	水平布局 1	宽度：充满
标签	用户界面	文字 _ 机器人	文本：机器人；字号：20
水平布局	界面布局	水平布局 2	宽度：充满；高度：30% 水平对齐、垂直对齐：居中
图像	用户界面	骰子 _ 机器	图片：1.png 宽度：100 像素；高度：100 像素
水平布局	界面布局	水平布局 3	宽度：充满
标签	用户界面	文字 _ 玩家	文本：玩家；字号：20
水平布局	界面布局	水平布局 4	宽度：充满；高度：30% 水平对齐、垂直对齐：居中
图像	用户界面	骰子 _ 玩家	图片：1.png 宽度：100 像素；高度：100 像素
标签	用户界面	判断结果	文本颜色：红色；字号：20
按钮	用户界面	按钮 _ 开始游戏	文本：开始游戏
计时器	传感器	计时器 _ 动画控制	默认属性

08 完善组件 保存项目，运行并连接"AI 伴侣"，预览效果，可以根据预览情况，修改各组件属性，完善布局。

2.逻辑设计

添加并设置好 Screen1 和 Screen2 两个屏幕的组件属性后，根据算法对组件进行逻辑设计，即对组件设置程序，完成规划功能。

01 设置"跳过"按钮代码 选中"Screen1"屏幕，切换到"逻辑设计"工作面板，添加如图 24-10 所示代码，实现点击"跳过"按钮后打开"Screen2"屏幕功能。

图 24-10 设置"Screen1"屏幕中"跳过"按钮代码

02 创建变量 选中"Screen2"屏幕，创建全局变量"机器点数"和"玩家点数"，用于比较机器和玩家的点数，代码如图 24-11 所示。

图 24-11 创建变量

03 定义"判断大小"过程 判断胜负，可以直接比较机器点数和玩家点数 2 个变量的大小即可。添加如图 24-12 所示代码，用过程实现判断大小。

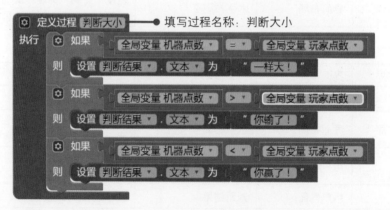

图 24-12 定义"判断大小"过程

04 定义"掷骰子"过程 骰子点数为 1~6 之间的随机整数，根据该数确定骰子的造型。添加如图 24-13 所示代码，用"掷骰子"过程实现机器人和玩家骰子的确定。

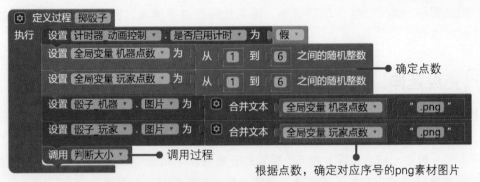

图 24-13　定义"掷骰子"过程

05 设置动画控制计时器代码　动画控制计时器的作用为每到时间间隔点就让骰子随机一次造型，实现骰子滚动的动画效果。添加如图 24-14 所示代码，实现骰子的随机造型确定。

图 24-14　设置动画控制计时器代码

06 设置"开始游戏"按钮代码　骰子滚动动画执行 1 秒后，再确定造型，代码如图 24-15 所示。

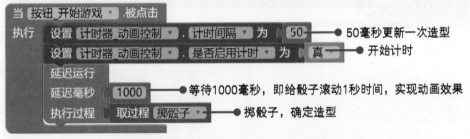

图 24-15　设置"开始游戏"按钮代码

07 设置"Screen2"屏幕初始化代码　当游戏环节刚启动时，动画控制计时器暂不计时，代码如图 24-16 所示。

图 24-16　设置"Screen2"屏幕初始化代码

08 **测试程序** 运行"AI 伴侣"软件，输入代码连接后测试，完成后保存项目并生成
APK 文件。

📖 拓展延伸

1. 作品优化

本案例中只有 1 个骰子，增加骰子的数量可以增加游戏的趣味性。若实现各 2 个
骰子，想一想该如何实现呢？提示：机器和玩家在水平布局里分别增加 1 个骰子图像，
再新增变量记录这 2 个骰子的点数，比较点数的时候累加点数后比较大小即可。

2. 拓展创新

本案例中游戏封面通过点击"跳过"按钮实现进入游戏环节界面，若想在用户不
点击按钮，等待一定时间后（如 5 秒），程序就自动进入第 2 个屏幕功能，请你尝试编
写代码实现。提示：添加计时器，每到计时间隔点，时间间隔为 1000 毫秒，使用变量
累积秒数，判断是否到时间。参考代码如图 24-17 所示。

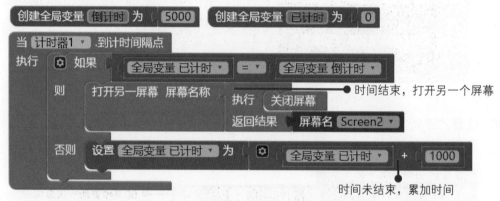

图 24-17 倒计时跳转到 Screen2 屏幕代码